U0327522

普通高等教育土建学科专业『十一五』规划教材

全国高职高专教育土建类专业教学指导委员会规划推荐教材

建筑装饰专业毕业设计指导书

（建筑装饰工程技术专业适用）

本教材编审委员会组织编写

刘超英 主编

季 翔
岳爱臣 主审

中国建筑工业出版社

图书在版编目(CIP)数据

建筑装饰专业毕业设计指导书／本教材编审委员会组织编写．—北京：中国建筑工业出版社，2008

普通高等教育土建学科专业“十一五”规划教材．全国高职高专教育土建类专业教学指导委员会规划推荐教材(建筑装饰工程技术专业适用)

ISBN 978-7-112-09820-0

Ⅰ．建…　Ⅱ．建…　Ⅲ．建筑装饰－毕业设计－高等学校：技术学校－教学参考资料　Ⅳ．TU767

中国版本图书馆CIP数据核字（2007）第198468号

普通高等教育土建学科专业“十一五”规划教材
全国高职高专教育土建类专业教学指导委员会规划推荐教材

建筑装饰专业毕业设计指导书

(建筑装饰工程技术专业适用)

本教材编审委员会组织编写

刘超英　主编

季　翔　岳爱臣　主审

*

中国建筑工业出版社出版、发行（北京西郊百万庄）
各地新华书店、建筑书店经销
北京嘉泰利德公司制版
北京云浩印刷有限责任公司印刷

*

开本：787×1092毫米　1/16　印张：14½　字数：350千字
2008年1月第一版　2012年12月第二次印刷
定价：**49.00**元

ISBN 978－7－112－09820－0
(16524)

本书是我国高职院校第一本建筑装饰专业毕业设计指导书，作者从毕业设计的程序到如何理解毕业设计文件，从毕业设计文件的基本格式到毕业答辩的准备，从毕业设计的质量控制手段到操作性很强的“4321工作法”案例介绍，对建筑装饰专业毕业设计及其指导进行了详细透彻的阐述。本书由四位高职高专建筑类专业教育指导分委员会学校的委员、专家亲自撰写了家装、办公、宾馆、商业环境设计四份指导性很强的毕业设计指导书。无论对将要进行毕业设计的学生还是对指导毕业设计的教师都是一本不可多得的实用指南。本书还选编了我国高职高专建筑类首届毕业设计竞赛的部分获奖作品和指导教师的点评，对即将投入毕业设计的学生及指导毕业设计的教师均有较大的参考价值。

*　　*　　*

责任编辑：朱首明　杨　虹
责任设计：赵明霞
责任校对：关　健　王　爽

序　　言

全国高职高专教育土建类专业教学指导委员会建筑类专业指导分委员会是建设部受教育部委托，由建设部聘任和管理的专家机构。其主要工作任务是，研究如何适应建设事业发展的需要设置高等职业教育专业，明确建设类高等职业教育人才的培养标准和规格，构建理论与实践紧密结合的教学内容体系，构筑“校企合作、产学结合”的人才培养模式，为我国建设事业的健康发展提供智力支持。

在建设部人事教育司和全国高职高专教育土建类专业教学指导委员会的领导下，自成立以来，全国高职高专教育土建类专业教学指导委员会建筑类专业指导分委员会的工作取得了多项成果，编制了建筑类高职高专教育指导性专业目录；在重点专业的专业定位、人才培养方案、教学内容体系、主干课程内容等方面取得了共识；制定了“建筑装饰技术”等专业的教育标准、人才培养方案、主干课程教学大纲；制定了教材编审原则；启动了建设类高等职业教育建筑类专业人才培养模式的研究工作。

全国高职高专教育土建类专业教学指导委员会建筑类专业指导分委员会指导的专业有建筑设计技术、室内设计技术、建筑装饰工程技术、园林工程技术、中国古建筑工程技术、环境艺术设计等6个专业。为了满足上述专业的教学需要，我们在调查研究的基础上制定了这些专业的教育标准和培养方案，根据培养方案认真组织了教学与实践经验较丰富的教授和专家编制了主干课程的教学大纲，然后根据教学大纲编审了本套教材。

本套教材是在高等职业教育有关改革精神指导下，以社会需求为导向，以培养实用为主、技能为本的应用型人才为出发点，根据目前各专业毕业生的岗位走向、生源状况等实际情况，由理论知识扎实、实践能力强的双师型教师和专家编写的。因此，本套教材体现了高等职业教育适应性、实用性强的特点，具有内容新、通俗易懂、紧密结合实际、符合高职学生学习规律的特色。我们希望通过这套教材的使用，进一步提高教学质量，更好地为社会培养具有解决工作中实际问题的有用人才打下基础。也为今后推出更多更好的具有高职教育特色的教材探索一条新的路子，使我国的高职教育办的更加规范和有效。

全国高职高专教育土建类专业教学指导委员会建筑类专业指导分委员会

2007年6月

前　言

毕业设计是学生在学校学习阶段最重要的一个设计实践，在这个实践中要学会综合运用在学校学到的知识，结合时代和社会的需求，把最有亮点的特质展现出来——就建筑装饰设计专业的学生而言，设计创意能力和设计表达能力无疑是最亮的亮点。因此，毕业设计是一个激发学生创意能力和表现能力的最佳载体。

在毕业设计阶段，学生虽然已经有了一定的知识和能力，有了创意的冲动，但并不意味着他们能够把这些特质充分地表达出来。因此，指导学生毕业设计的工作就显得格外重要。它是整个教学环节中一项意义重大，过程复杂、效果明显的工作。对这项工作组织得法、措施得当、指导有方、控制有度，就能够有效提升学生毕业设计的质量，点燃学生的创意火花，把学生最想表现的思想表现出来。所以，必须设计出一套行之有效的教学方法，对毕业设计进行全程控制。

各校在毕业设计的操作中积累了不少经验，尤其是一些建筑类专业教指委委员学校，他们的经验和做法值得借鉴。参与编著的老师都是在毕业设计指导第一线从事毕业设计教学实战的经验丰富的专家。本书由建筑类专业教指委委员、宁波工程学院建筑装饰教学部主任刘超英副教授任主编（编著第1、3、6、10章），建筑类专业教指委委员、徐州建筑职业技术学院建筑艺术系主任孙亚峰副教授（编写第9章）任副主编，浙江建设职业技术学院的竺越老师编写第7章、黑龙江职业技术学院建筑艺术系副主任李宏教授和宁波工程学院陈立未老师编写第8章，宁波工程学院陈立未、魏守凤、谢涛老师分别编写第2章、第4章、第5章。本书的毕业设计案例——“首届高职高专建筑类专业毕业设计比赛”部分获奖作品是从各获奖学校递交的作品中选出来的，他们的指导教师还专门撰写了作品点评。

本书在写作过程中得到了许多学校多位专家、老师的鼓励支持和配合，尤其是季翔教授拨冗亲自为本书撰写了序言，为本书增色。建筑类专业教指委主任、徐州建筑职业技术学院副院长季翔教授、宁波工程学院教务处岳爱臣常务副处长担任本书主审，为本书提出了不少建设性的意见。徐州建筑职业技术学院、浙江建设职业技术学院、黑龙江职业技术学院等都在教育部“创百所示范”及“水平评估”的冲刺阶段抽出精兵强将，为本书写下内容翔实的毕业设计指导书。全国建筑装饰专业首届毕业设计比赛获奖学校宁波工程学院、浙江建设职业技术学院、徐州建筑职业技术学院、南宁职业技术学院、黑龙江建筑职业技术学院、四川美术学院高职学院、山西建筑职业技术学院、武汉职业技术学院、廊坊师范学院、广西建设职业技术学院等院校积极提供获奖作品，将自己的成果与大家分享。宁波工程学院的各级领导对本书也给予了全力支持，并对本书提了不少指导性意见；中国建筑工业出版社朱首明主任更是在出版制作等方面给予了全力支持并付出了辛勤的劳动。为此，我们表示由衷地感谢！本书也适度地引用了一些相关学校的相关制度和经验，在此一并表示感谢。

由于受时间仓促和作者水平的限制，本书存在许多不足，希望各采用本书的学校在毕业设计的实际操作中勇于开拓、不断创新，对本书的缺陷提出宝贵的改进意见。同时，把各自的经验教训同我们交流分享，以期在本书修订时进行改进。

目　　录

第1章 建筑装饰专业毕业设计的工作任务和程序

1.1 毕业设计的常规任务和工作程序

1.1.1 建筑装饰专业毕业设计常规任务

毕业设计的常规任务是由毕业生按学校预先制定的人才培养计划和教学要求，完成一项能够体现本专业相应层次和水平的设计任务。关于这一任务，不论什么学科、什么专业，同等学历层次的学生其要求应该是相同的。但为了完成毕业设计的任务，除了直接进行毕业设计的学生之外，还需要教师对学生进行指导，专业教研室对毕业设计教学工作进行具体组织，学院（分院系）对毕业设计教学工作进行领导和检查。因此，毕业设计工作是一项系统工程，毕业设计的领导者、组织者、指导者和参与者执行的是整个程序中的一部分任务。相当于一部汽车，方向盘负责目标导向，发动机负责动力生成，变速箱控制速度，轮胎则在马路上奔驰，总之就是要把驾乘人员带到目的地。

建筑装饰专业毕业设计教学工作的四个主体分别需要完成以下一系列具体的工作任务：

（1）学院（分院、系）的15项具体任务

1）订列学院（分院、系）毕业设计计划

2）成立学院（分院、系）毕业设计领导小组

3）审批专业教研室毕业设计实施计划

4）会同教研室落实毕业设计实习场所

5）审查选题情况

6）审查文献综述情况

7）审查开题报告情况

8）进行毕业设计期中检查

9）预审毕业设计作品展览

10）组织毕业设计作品展览开幕式

11）评定毕业设计最终成绩

12）听取专业教研室毕业设计总结汇报

13）考核教研室毕业设计工作

14）确定校级优秀设计学生名单

15）推荐参加全国比赛的选手名单

（2）专业教研室的20项具体任务

1）组织毕业设计规章制度学习

2）制定毕业设计实施计划

3）向参与毕业设计指导工作的教师分配任务

4）毕业设计指导教师和所指导的学生进行双向选择

5）进行毕业设计动员，进行安全教育

6）检查选题撞车情况，教研室集体分析选题阶段的共性问题，提出解决对策

7）向学院（分院、系）毕业设计领导小组汇报选题情况

8）批准选题

9）教研室集体分析讨论，分析文献综述阶段的共性问题，提出解决对策

10）向领导小组汇报总文献综述情况

11）教研室集体分析讨论，分析开题报告阶段的共性问题，提出解决对策

12）汇总开题报告，向学院（分院、系）毕业设计领导小组汇报开题报告情况

13）汇总初步设计情况，分析共性问题，提出解决办法

14）审查施工图情况

15）具体负责毕业作品展览的组织工作，展览预展

16）具体承办展览开幕式邀请有关人士参加

17）指派评阅教师

18）组织毕业设计答辩工作，档案提交存档

19）进行毕业设计总结

20）推荐校级优秀设计，组织参加全国比赛准备

（3）指导教师的45项具体任务

1）学习教师守则

2）分配任务

3）双向选择毕业设计指导教师和所指导的学生

4）准备毕业设计教学文件（毕业设计大纲、任务书、指导书）

5）落实安全教育确认书的签署

6）下达毕业设计任务书

7）进行毕业设计指导

8）抽查学生准备情况

9）选题意向交流

10）确认或否决预选题

11）汇总预选题

12）同意选题

13）制作“选题汇总登记表”

14）下达选题确认书

15）确认参考文献

16）审阅文献综述初稿，提出修改意见，填写意见修改表，向教研室汇报情况

17）再次修改文献综述

18）终审文献综述

19）向领导小组汇报总文献综述情况

20）审阅开题报告初稿，提出修改意见，填写意见修改表，向教研

室汇报情况

21）再次修改开题报告

22）终审开题报告

23）汇总开题报告，向领导小组汇报开题报告情况

24）指导教师对学生提交平面图设计进行交流互动

25）确认平面图设计

26）提交效果图、与指导教师互动

27）汇总初步设计情况，分析共性问题，提出解决办法

28）确认效果图

29）指导教师对学生提交立面图设计进行交流互动

30）指导教师对学生提交构造图设计进行交流互动

31）审核施工图

32）确认施工图

33）收集文稿

34）审定展板

35）布置展览

36）参与展览预展

37）参与展览开幕式，邀请有关人士参加

38）成立答辩协助小组

39）抽签确定答辩顺序

40）参与毕业设计答辩工作，但必须执行回避制度

41）为自己指导的学生填写评语和评分

42）为其他教师指导的学生进行评阅

43）输入分数

44）提交课程分析

45）提交毕业设计指导工作总结

（4）学生的60项具体任务

1）学习学生守则

2）接受动员

3）选择毕业设计指导教师

4）签署安全教育确认书和毕业设计著作权的归属声明

5）接受毕业设计任务

6）接受指导教师指导

7）进行毕业实习和毕业设计准备

8）选题准备

9）文献准备

10）与指导教师选题意向交流

11）预选题

12）调整、确定选题
13）进入开题报告阶段
14）选定参考文献
15）研读参考文献
16）撰写文献综述
17）提交文献综述初稿
18）修改文献综述
19）再次提交送审稿
20）再次修改文稿送审
21）定稿并打印提交毕业设计
22）准备开题报告
23）提交开题报告初稿
24）修改开题报告
25）再次提交送审稿
26）再次修改送审文稿
27）定稿并打印提交
28）开始毕业设计
29）平面图设计
30）提交平面图设计、与指导教师交流互动
31）完善平面图设计
32）平面图设计定稿
33）效果图设计
34）提交效果图、与指导教师交流互动
35）完善效果图设计
36）效果图定稿
37）开始施工图设计
38）立面图设计
39）提交立面图设计、与指导教师交流互动
40）完善立面图设计
41）构造图设计
42）提交构造图设计、与指导教师交流互动
43）完善构造图设计
44）协调施工图
45）确定施工图
46）打印文本
47）装帧文本
48）提交电子文件
49）提交打印文件

50）制作展板

51）布置展览

52）展览预展

53）制作答辩文件

54）准备答辩

55）抽签确定答辩顺序

56）进行答辩

57）提交答辩文件

58）整理毕业设计档案

59）申报校级优秀设计

60）准备参加全国比赛材料

1.1.2 建筑装饰专业毕业设计的工作程序

建筑装饰专业毕业设计的工作程序可以通过表 1–1 清楚地展现出来。

建筑装饰专业毕业设计流程表 **表 1–1**

1. 准备阶段	学院（分院、系）	专业教研室	教 师	学 生
	制定分院毕业设计计划	组织毕业设计规章制度学习	学习教师守则	学习学生守则
	成立分院毕业设计领导小组	制定毕业设计计划		
	批准专业教研室毕业设计实施计划	集体讨论确定当年毕业设计主要任务		
	会同教研室落实毕业设计实习场所	向参与毕业设计指导工作的教师分配任务 双向选择毕业设计指导教师和所指导的学生		
		进行毕业设计动员，进行安全教育	准备毕业设计教学文件（毕业设计大纲、任务书、指导书）	签署安全教育确认书、毕业设计著作权的归属声明
			向学生下达毕业设计任务书	接受毕业设计任务
			进行毕业设计指导	接受指导教师指导
			抽查学生准备情况	进行毕业设计准备（实习准备、选题准备、文献准备）
			选题意向交流	
			确认或否决预选题	预选题
		观察选题是否撞车，教研室集体分析选题阶段的共性问题，提出解决对策	汇总预选题	确定选题
	听取选题汇报	向学院（分院、系）毕业设计领导小组汇报选题情况	同意选题制作“选题汇总登记表”并上报	
		批准选题	下达选题确认书	进入开题报告阶段
			确定参考文献	选定参考文献
				研读参考文献
				撰写文献综述
			审阅文献综述初稿，提出修改意见，填写意见修改表，向教研室汇报情况	提交文献综述初稿

续表

1. 准备阶段	学院（分院、系）	专业教研室	教　师	学　生
		集体讨论，分析文献综述阶段的共性问题，提出解决对策	再次修改文献综述	修改文献综述，再次提交送审稿
			终审文献综述	再次修改文稿送审
				打印定稿并提交
	听取文献综述情况汇报	向学院（分院、系）毕业设计领导小组汇报总文献综述情况		准备开题报告
		集体讨论，分析开题报告阶段的共性问题，提出解决对策	审阅开题报告初稿，提出修改意见，填写意见修改表	提交开题报告初稿
			再次修改开题报告	修改开题报告 再次提交送审稿
			终审开题报告	再次修改送审文稿
	听取开题报告汇报	汇总开题报告，向学院（分院、系）毕业设计领导小组开题报告情况		定稿并打印提交
	进行毕业设计期中检查			
2. 初步设计阶段	**学院（分院、系）**	**专业教研室**	**教　师**	**学　生**
				开始毕业设计
				平面图设计
			提交平面图设计、与指导教师交流互动	
				完善平面图设计
			确认平面图设计	平面图设计定稿
				效果图设计
			提交效果图、与指导教师交流互动	
				完善效果图设计
		汇总初步设计情况，分析共性问题，提出解决办法		
			确认效果图	效果图定稿
3. 深入设计阶段	**学院（分院、系）**	**教研组**	**教　师**	**学　生**
				开始施工图设计
				立面图设计
			提交立面图设计、与指导教师交流互动	
				完善立面图设计
				构造图设计
			提交构造图设计、与指导教师交流互动	
				完善构造图设计
		审查施工图情况	审核施工图	
			确认施工图	
4. 文本提交作品展览阶段	**学院（分院、系）**	**专业教研室**	**教　师**	**学　生**
				打印文本
				装帧文本
				提交电子文件
			收集文稿	提交打印文件
		审定展板		制作展板
		布置展览		
	审查预展	展览预展		
	展览开幕，举行开幕仪式，邀请有关人士参加			

续表

5. 答辩阶段	学院（分院、系）	专业教研室	教　师	学　生
		宣布答辩日程、规则和答辩专家名单		制作答辩大纲和演示文件
		准备答辩场所	成立答辩协助小组	准备答辩
		指派评阅教师	抽签确定答辩顺序	
			参加答辩，执行回避制度	进行答辩
			为自己指导的学生填写评语和打分	提交答辩文件
			为其他教师指导的学生评阅	
	评定毕业设计最终成绩	批准教师评分	输入分数 提交课程分析	
6. 总结整理阶段	学院（分院、系）	专业教研室	教　师	学　生
			整理毕业设计档案	
		档案提交存档	提交总结	
	考核教研室毕业设计工作	进行毕业设计总结		
	批准校级优秀设计学生名单	推荐校级优秀设计	申报校级优秀设计	
	批准参加各项比赛的选手名单	组织参加全国比赛	准备全国比赛材料	

1.2　毕业设计阶段和时间安排

1.2.1　毕业设计的阶段

毕业设计的阶段总体分为 6 个阶段：

（1）准备阶段

（2）初步设计阶段

（3）深入设计阶段

（4）文本提交和作品展示阶段

（5）答辩阶段

（6）总结整理阶段

1.2.2　毕业设计的时间安排

总体上毕业设计的时间建议为 16 ～ 25 周。其中前 6 ～ 10 周为准备时期，用于毕业实习，10 ～ 15 周为设计时间，其中 1 周为答辩时间，1 周为总结整理时间。各学校可根据自己的情况进行调整，但总时间不宜少于 16 周。

毕业设计阶段和时间分配表　　　　**表 1–2**

毕业设计阶段	时间分配
1. 准备阶段	6 ～ 10 周
2. 初步设计阶段	4 ～ 6 周
3. 深入设计阶段	4 ～ 7 周
4. 文本提交和作品展示阶段	1 周
5. 答辩阶段	1 周
6. 总结整理阶段	

1.2.3 具体的时间分配

具体的时间安排要精确到天。以宁波工程学院建筑装饰专业 2006 届毕业设计安排为例，具体的时间安排分为 19 个时间段，每个时间段都有详细的工作任务。

宁波工程学院建筑装饰专业 2006 届毕业设计安排（案例） **表 1–3**

序号	具体任务	完成日期	周次／星期
1	毕业设计动员，下发毕业设计任务书通用要求部分及系列指导文件，开始酝酿选题，开始毕业设计预实习	2006–12–28	第五学期 第 17 周／星期四
2	开始毕业实习	2007–02–28	第六学期 第 1 周／星期一
3	提交选题申请表	2007–03–01	第 1 周／星期四
4	批复申请表，开始文献综述和开题报告	2007–03–05	第 2 周／星期一
5	提交文献综述和开题报告初稿	2007–04–09	第 7 周／星期一
6	完成三审，批复开题报告	2007–04–18	第 8 周／星期三
7	开始初步设计	2007–04–19	第 8 周／星期四
8	提交初步设计方案	2007–04–26	第 9 周／星期四
9	完成三审，确定初步设计	2007–05–11	第 11 周／星期五
10	施工图设计开始	2007–05–14	第 12 周／星期一
11	完成三审，审核施工图	2007–05–30	第 14 周／星期三
12	打印装帧设计文件	2007–05–31	第 14 周／星期四
13	上交毕业设计文件	2007–06–01	第 14 周／星期五
14	毕业设计布展	2007–06–04	第 15 周／星期一
15	毕业设计展览开幕仪式	2007–06–06	第 15 周／星期三
16	毕业答辩	2007–06–11	第 16 周／星期一
17	毕业设计评价	2007–06–12	第 16 周／星期二
18	文件归档	2007–06–13	第 16 周／星期三
19	毕业设计总结，评优推优	2007–06–15	第 16 周／星期五

第 2 章　建筑装饰专业毕业设计开题基本要求

2.1 透彻领会毕业设计指导文件

毕业设计指导文件由三部分组成：毕业设计大纲、毕业设计任务书、毕业设计指导书。这三个指导文件各有侧重和功能。

2.1.1 毕业设计大纲

毕业设计大纲是指导教师如何开展毕业设计教学的规范化文本。具体而言，毕业设计大纲需要明确下列事项，使教学活动能够有计划、有步骤，按要求地开展。

（1）明确毕业设计的性质和任务。

（2）提出毕业设计要求，包括毕业设计总体要求和具体要求。

（3）对毕业设计教学内容、环节及学时分配进行具体说明。

（4）列出推荐的参考文献。

学生阅读毕业设计大纲有助于明确毕业设计的课程目标。

案例：宁波工程学院建筑装饰专业毕业设计大纲（见附录 A–1）。

2.1.2 毕业设计任务书

（1）毕业设计任务书的功能

毕业设计任务书是根据毕业设计大纲的要求，对学生下达毕业设计具体任务的指导文件。毕业设计任务书由“毕业设计通用要求”和“毕业设计个性要求”两部分构成。“毕业设计通用要求”是对本专业所有学生提出的任务，它由专业教研室集体制定。“毕业设计个性要求”是对具体某一个学生提出的任务，它由该学生的指导教师直接下达。这两个任务书告知学生在毕业设计阶段所要完成的具体任务和最终要达成的效果，是学生进行毕业设计的任务依据。它是指导毕业设计整个过程的纲领性文件，具有重要的意义。

学生在进行毕业设计之前要认真仔细地阅读毕业设计任务书，明确其中的各项任务和具体要求，按任务书规定的任务逐项、按时地完成各项任务。

（2）毕业设计通用任务书的内容和要求

1）提出题目的类型

题目的类型一般有现实项目类题目和概念研究类题目。按课题的真实性可分为：真题真做、假题真做、真题假做和假题假做等。高职高专的学生提倡做现实项目类题目，即具有真实项目背景的真题真做。

2）提出题目的方向、难度和深度的要求

毕业设计的题目必须与学生的学术层次相符合，如高职高专的学生不宜作太深或太浅的题目，如宾馆设计类题目不宜做三星级以上宾馆的设计，商场类设计不宜做大型百货商场的设计。选题的方向、面积、深度等都要合理限制。

3）提出需要完成的共同任务及其具体要求

需要向学生明确毕业设计需要完成哪些任务，各个任务有什么具体要求。例如，高职高专的毕业设计的常规任务有：选题申报表、文献综述、开题报告、设计文本、设计展板、答辩大纲等。

4）提出建议的参考文献及要求

向学生推荐一些经典的参考文献和必须阅读的重要文献，以便学生了解该课题国内外最新研究动态。但学生的参考文献要根据各自的选题情况来具体确定，不局限在这个范围之内。

5）安排毕业设计的进度

对毕业设计的各个阶段进行具体的时间安排。计划进度要做到程序清楚，时间分配科学、合理并应有一定的弹性，学生则在开题报告中响应这一计划进度，并按最后批准的规定期限完成各阶段的工作任务。

案例：宁波工程学院建筑装饰专业毕业设计通用任务书（见附录A–2）。

（3）毕业设计个性任务书的内容和要求

1）对具体的学生提出具体的建议研究方向

如"新简约风格的家居设计"或"小户型的空间调度手法"等。这个明确的方向要紧紧围绕学生的毕业设计选题。

2）确定毕业设计题目

经过前期准备与酝酿，反复讨论达成统一意见并确定经过批准的题目。如"新新人类的新简约主义"、"东情西韵——中西混搭风格研究"等。

毕业设计题目应简短、明确、有概括性。通过标题使读者大致了解毕业设计的内容、专业的特点和学科的范畴。标题字数要适当，一般不宜超过20字。当有些细节必须放进标题时为避免冗长，可以分成主标题和副标题，主标题要写得简明，将细节放在副标题里。

3）提出毕业设计的主要研究要求

简明地提出具体的设计要求。以"新新人类的新简约主义"为例：

主要研究要求有：

A. 对家居简约风格的历史和发展有深入的了解。

B. 在家居设计方面采用简约风格需要把握哪些原则？

C. 流行的简约风格有哪些特点？

D. 新简约风格为什么受到多数"新新人类"型业主的欢迎？

4）确定具体的研究目标

一般都用明确的语言来表达。研究的目标应为：针对具体的设计对象，设计出既符合业主要求同时又符合专业要求的设计作品。

5）推荐具体的参考文献

根据毕业设计研究方向，向学生推荐合适的参考文献。高职高专的学生一般要求开列八篇以上的参考文献。

学生根据毕业设计通用任务书和毕业设计个性任务书应该明确毕业

设计需要完成什么任务。

案例：宁波工程学院建筑装饰专业毕业设计个性任务书（见附录A–3）。

2.1.3 毕业设计指导书

毕业设计指导书是指导教师对被指导的学生如何进行毕业设计的一种文字说明材料。目的是为了让学生进一步理解毕业设计任务书，对毕业设计的每一个环节如何进行，每一项任务如何完成作出具体的指导，使学生可以循序渐进地完成毕业设计的各项任务。

针对高职高专的学生特点，毕业设计指导书的写作要十分具体，要对应任务书的各项要求，分别提出可操作性的具体指导。

（1）明确设计的类别

建筑装饰专业毕业设计主要有家装设计类、宾馆环境设计类、商业环境设计类、办公环境设计类、展示环境设计类5个类别，每个类型应该有各自的毕业设计指导书。

（2）明确每个类型的具体设计任务

如家装类设计要完成生活方式设计（功能设计、房间分配设计、套型改进设计、设备配置设计）；艺术效果设计（空间设计、界面设计、构造设计、色彩设计、材料设计、家具设计、采光设计、陈设设计）；技术保障设计（给排水设计、暖通设计、强电设计、弱电设计、智能设计）。

（3）明确毕业设计各个具体阶段

如接题与准备阶段、选题与调研阶段、开题阶段、探索与设计阶段、作品提交与展示阶段和答辩阶段。

（4）明确各个阶段的具体任务及要求

对各个阶段应该完成什么任务，以及怎样完成这些任务提出要求。如选题与调研阶段应该完成"五表一图"；开题阶段应该完成思路理清和理念确立的任务，同时明确题目，确定重点，甚至对题目的主题和文字表述也要有具体要求，对开题报告的具体格式和撰写内容进行具体指导。

（5）明确设计环节需要完成的任务及要求

初步设计完成到什么程度，深入设计怎么做，设计文本有什么要求等。

本书第6～9章就是家装、办公、宾馆、商店4个设计方向的具体指导书，操作性很强，学生在进行毕业设计时要仔细研读，深刻领会，并按指导书明示的方法进行每一项具体的设计。

2.2 慎重确定毕业设计选题

2.2.1 毕业设计选题的功能

毕业设计选题就是选择毕业设计的具体研究课题。即在做毕业设计前，选择确定所要设计的对象、主体和方向。正确而又合适的选题，对毕业设计具有重要意义。通过选题，可以大体看出作者的设计方向和专业水平。爱因斯坦曾经说过，在科学面前，“提出问题往往比解决问题更重要”。提出问题是解决问题的第一步，选准了课题，就等于完成了设计的一半，题目选得好，可以起到事半功倍的作用。

选题的功能体现在：

（1）选题能够决定毕业设计的价值和效用。

（2）选题可以规划设计的方向、角度和规模。

（3）合适的选题可以保证设计的顺利进行。

2.2.2 毕业设计选题确定的基本原则

毕业设计选题要体现科学性、实践性、综合性、创新性和针对性，切实做到与专业实习、专业课学习结合起来、与科学研究、技术开发、经济建设与社会发展紧密结合。原则上每个学生必须独立完成一个题目，如数名学生（一般不超过4名）同做一个课题，应使每个学生有不同的原始数据或不同的专题。

选题是龙头，选题好了，设计才会受到关注。选题的确定必须坚持三项原则：

（1）选题必须是当今社会的时尚潮流和业主最关心的问题。

（2）选题必须符合学业的深度，达到培养目标的要求。

（3）选题必须在专业上有新意，并有一定的学术价值。

2.2.3 毕业设计选题确定的方式

（1）根据自己的实习经历及实际情况，选择相关的题目。

（2）根据自己的兴趣选择设计方向和题目。

（3）结合国内外设计界的流行趋势和发展方向选择适合自己的题目。

2.2.4 毕业设计选题中经常出现的问题

毕业设计的选题是在教师的指导下进行的，有的学生自己不作独立思考，完全依赖教师给出题目；有的学生缺乏研究分析，不加思索，信手拈来，随便拿个题目就做；有的人云亦云，看其他同学做什么类型的就去跟风；有的追求简单容易，看什么课题资料多就做什么；有的学生则片面追求超过自身能力的高难度课题，结果导致设计无法独立完成……这些做法都是不正确的，不利于学生主观能动性的再调动，限制主观能动性的再发挥，不利于增长知识，提高能力，这些在选题中都应避免发生。同时，毕业设计不经过选题这一具有重要意义的研究过程，设计的方向、方法就会“胸中无数”，材料的准备更显不足，到了后期就会感到困难重重，有时甚至一筹莫展，可能推倒重来。

2.3 写好毕业设计文献综述

2.3.1 毕业设计文献综述的功能

文献综述即是学生对自己的毕业设计课题的主题进行专题文献搜集、探讨和总结、综合分析而写成的一种学术论文。它是科学文献的一种，它能反映出有关问题的新动态、新趋势、新水平、新原理和新技术。

（1）有利于使学生了解本课题国内外最新动态

在毕业设计前期，文献综述是让设计者了解该课题的历史、现状、当前争论的焦点及发展趋势，反映当前某一领域中某分支学科或重要专题的最新进展、学术见解和建议。能够帮助设计者站在课题前沿了解该课题的全面情况，从而选定有意义、有价值的设计方向。

（2）有利于学生知识的更新

文献综述能让设计者用较少的时间和精力对某种专题的内容、意义、历史，现状及发展趋势等有个较完整、系统、明确的认识。

（3）对读者进行文献检索有利

文献综述文后所附的参考书目可为读者提供已确定课题的许多参考文献，这也是一种独特的情报检索系统，它也是积累设计资料的重要方法。

（4）有利于形成设计主题

经过有针对性的参考文献研读，设计者可以获得大师或资深专家的观点，是培养锻炼组织材料，正确表达思想的有效途径，并有利于形成自己的设计主题。

2.3.2 文献综述的基本特征

（1）内容的综合

这是文献综述最基本的特点，包含两方面的含义。一方面，文献综述首先表现出对大量文献内容的综合描述；另一方面，各种文献类型的综述，其基础都是对有价值的文献内容的综合叙述。

（2）语言的概括

文献综述对原始文献中的各类理论、观点、方法的叙述不是简单地照抄或摘录，而是在理解原文的基础上，用简洁、精炼的语言将其概括出来。因此，文献综述不同于文摘，不是将原文献的中心内容摘录出来；也不同于节录，不必完全按照原文节选下来，而是将文献中有用的理论、观点和方法用最精炼的语言加以概括的描述，提炼出结果，同时舍弃原始文献中的论证、计算、推导过程等细节。

（3）信息的浓缩

文献综述集中反映了一定时期内一批文献的内容，浓缩大量信息。一篇综述可以反映几十至上百篇的原始文献，信息密度较大。

（4）评述的客观

综述性文献的客观性有两方面，一方面叙述和列举各种理论、观点、方法、技术及数据要客观，必须如实地反映原文献的内容，不得随意歪曲，或是断章取义，不顾上下文，同时还要避免因理解不同而出现的误解；另一方面，在分析、比较、评论各种理论、观点、方法时要有一种客观的态度，应基于客观进行分析、评价，不能出于个人的喜好、倾向进行评论，更不能出于个人的感情有意偏袒或攻击。另外，在作出预测时，要以事实、数据为依据，以科学的推导方法为手段，力求客观，而不是凭空想象，出于主观愿望盲目提出。

2.3.3 正确选择并深刻理解参考文献

参考文献是毕业设计不可缺少的组成部分，它反映毕业设计的取材来源、材料的广博程度和材料的可靠程度，也是作者对他人知识成果的承认和尊重。参考文献应按照规范列举在论文最后。这一部分的编写反映作者的学术作风。编写参考文献应注意以下几点：

（1）参考文献一般应是正式出版、发表过的著作、文章和技术标准；

（2）参考文献的排序一般按照论文参考引用的先后顺序，用阿拉伯数字排序，正文中凡引用参考文献的地方应加注；

（3）要严格按照规范编写，列出的参考文献应与论文内容相关，不漏写、错写；

（4）选择的参考文献应主要是近期的。

2.3.4 毕业设计文献综述的具体写作要求

文献综述写作应包括：

（1）前言部分

在这部分中，主要介绍毕业设计的选题。首先要阐明选题的背景和选题的意义。选题需强调设计背景，说明该设计主要解决的问题，要使读者感受到此选题确有实用价值或学术价值。

前言部分常起到画龙点睛的作用。选题实际又有新意，意味着你的设计有价值。对一篇论文来说，前言写好了，就会吸引读者，使他们对你的选题感兴趣，愿意进一步了解你的工作成果。

（2）综述部分

任何一个课题的研究或开发都是有学科基础或技术基础的。综述部分主要阐述该选题在相应学科领域中的发展进程和研究方向，特别是近年来的发展趋势和最新成果。通过与中外研究成果的比较和评论，说明自己的选题是符合当前的研究方向并有所进展，或采用了当前的最新技术并有所改进，目的是使读者进一步了解选题的意义。

综述部分能反映出毕业设计学生多方面的能力。首先，反映文献的阅读能力。通过查阅文献资料，了解同行的研究水平，在工作中和论文中有效地运用文献，这不仅能避免简单的重复研究，而且也能使研究开发工作有一个高起点。

其次，还能反映出综合分析的能力。从大量的文献中找到可以借鉴和参考的，这不仅要有一定的专业知识水平，还要有一定的综合能力。对同行研究成果是否能抓住要点，优缺点的评述是否符合实际，恰到好处，这和一个人的分析理解能力是有关的。

(3) 结论

总结部分，与研究性论文的小结有些类似，将全文主题进行简明扼要的总结，对所综述的主题有研究的作者，最好能提出自己的见解，并要言之有物，明确肯定。

(4) 文献综述字数限定

高职高专学生毕业设计文献综述不少于 2000 字。

(5) 文献综述写作注意事项

由于文献综述的特点，致使它的写作既不同于"读书笔记""读书报告"，也不同于一般的科研论文。因此，在撰写文献综述时应注意以下几个问题：

1) 搜集文献应尽量全面。掌握全面、大量的文献资料是写好综述的前提，否则，随便搜集一点资料就动手撰写，不可能写出好的文献综述，甚至写出的文章根本不成为综述。

2) 注意引用文献的代表性、可靠性和科学性。在搜集到的文献中可能出现观点雷同，有的文献在可靠性及科学性方面存在着差异，因此在引用文献时应注意选用代表性、可靠性和科学性较好的文献。

3) 引用文献要忠实原文献内容。由于文献综述有作者自己的评论分析，因此在撰写时应分清作者的观点和文献的内容，不能篡改文献的内容。

4) 参考文献不能省略。有的科研论文可以将参考文献省略，但文献综述绝对不能省略，而且应是文中引用过的，能反映主题全貌的并且是作者直接阅读过的文献资料。

案例：宁波工程学院建筑装饰专业毕业设计文献综述模板（见附录 A-4）。

2.4 写好毕业设计开题报告

2.4.1 毕业设计开题报告的功能

开题报告，就是当课题方向确定之后，学生在调查研究的基础上撰写的报请指导老师批准的选题计划。开题报告是提高选题质量和水平的重要环节。

2.4.2 毕业设计开题报告的内容和要求

建筑装饰专业毕业设计开题报告主要反映 8 个方面的内容：

(1) 概况

1) 项目名称　说明设计项目的具体名称。

2) 项目规模　说明项目的规模，可用多少平方米来表达。

3) 业主要求　对业主的要求进行概括，这是今后设计的重要依据。

4) 经济投入　明确项目的投入水平，这对设计者选择材料与工艺关系很大。

(2）研究大纲

1）题目来源　说明是不是真题真做，题目来自什么地方。

2）选题依据　说明为什么要选择这个设计题目，有哪些依据，一般选题依据有4条：

A. 毕业设计任务书的要求；

B. 实习公司的设计任务；

C. 时尚的热点；

D. 本人的兴趣。

如果有其他依据也要分别说明。

3）研究意义　说明研究本课题对本行业本专业有什么研究价值和应用价值。

4）研究步骤　具体列出研究的步骤，一般都有准备阶段、开题阶段、初步设计阶段、深入设计阶段、设计交付与设计展示阶段和毕业答辩阶段，每个阶段都有一系列任务，对研究步骤的描述要具体翔实。

5）研究方法　说明自己的研究方法。

6）保证措施　一般从时间、物质、诚信、交流等方面来保证毕业设计的顺利进展。

7）工作进度　要排出具体的设计日程，以便指导教师掌握毕业设计的进程，安排具体的交流验收时间，案例见表2–1。

案例：宁波工程学院03级毕业设计阶段计划　　表2–1

任务起	任务止	任务内容	交流对象
2005年12月 1日	2005年12月 5日	毕业设计动员、领取毕业设计任务书、毕业设计大纲、指导书	指导教师
2006年 2月 1日	2006年 3月10日	实习；在实习单位取得题目；查找参考文献；准备文献综述	校外指导教师
2006年 3月10日	2006年 3月10日	确定题目，完成文献综述	指导教师
2006年 3月10日	2006年 3月20日	撰写开题报告	
2006年 3月20日	2006年 3月30日	通过开题报告审核	指导教师
2006年 3月30日	2006年 4月 7日	初步方案设计，与客户沟通，出至少3个平面方案	客户 指导教师
2006年 4月10日	2006年 4月14日	确定平面方案	客户 指导教师
2006年 4月17日	2006年 4月21日	确定整体方案	指导教师
2006年 4月24日	2006年 4月28日	开始进行效果图	
2006年 4月29日	2006年 4月30日	确定效果图	指导教师
2006年 5月 1日	2006年 5月 8日	画施工图	
2006年 5月12日	2006年 5月20日	完成立面图	指导教师
2006年 5月22日	2006年 5月25日	提交全体图纸进行工种协调和审核	指导教师
2006年 5月26日	2006年 5月29日	打印文本、展板并进行设计交付、毕业设计提交	客户 指导教师
2006年 5月26日	2006年 6月 2日	毕业答辩准备	
2006年 6月 3日	2006年 6月 5日	毕业答辩	答辩小组
2006年 6月 3日	2006年 6月 9日	毕业设计展览	公众

（3）调研和思考

1）原始套型及综合分析　对设计的原始套型进行客观的优缺点分析，以便在设计中扬长避短，提出套型改进的措施。例如，可以通过一张表格进行分析（表2–2）。

毛胚空间分析表（表样）　　**表 2–2**

要素	有利因素	不利因素	如何改进
朝向			
通风			
交通			
流线			
景观			
进深			
层高			
柱子			
形状			
大小			
厨卫			
入口			

2）业主调查及综合分析　从各个方面对业主的信息进行收集和分析，以便在设计中采取针对性的设计措施。调查表可以自己设计。下面以家装为例提供一个参考表样（表 2–3）。

业主分析表（表样）　　**表 2–3**

评 估 内 容	设 计 要 求
家庭类型	
成员情况	
交往情况	
主要使用者情况	
必须的功能配置	
附加的功能配置	
对文化的要求	
特殊爱好	
心理价位	
喜欢什么风格	
客厅的主要功能	
主卧的主要功能	
书房的主要功能	
主卫的主要功能	
厨房的主要功能	
家具选用意向	

3）市场调查及综合分析　对装饰市场、同类项目的情况、流行情报要进行调查分析，以便知己知彼，提出差异性的设计措施（表 2–4、表 2–5）。

市场流行情况调查表（表样） **表 2–4**

调查时间和地点	市场流行的材料	市场流行的设备	流行的设计风格	流行的工艺

当今流行的家居风格调查表（表样） **表 2–5**

地　点	业主年龄	职　业	采用的风格	投入估价

4）材料推荐表　根据业主情况、经济投入水平及市场情况，决定向业主推荐的主要材料，要注明品牌、规格、适用部位、市场价格等情况（表2–6）。

5）设备推荐表　根据业主情况、经济投入水平及市场情况，决定向业主推荐的主要设备，要注明品牌、规格、参考价格、安装要求等情况（表2–7）。

材料推荐表（表样） **表 2–6**

序号	材料名称	数量	市场价格	品牌及规格	备　注
1	木材	约 $2m^3$	约 1300 元 / m^3	樟子松	东北产
2	地板	约 $80m^2$	约 300 元 / m^2	大自然	国产名牌
3	大芯板	约 60 张	约 90 元 / 张	莫干山	国产名牌
4	纸面石膏板	约 38 张	约 30 元 / 张	龙牌	国产名牌
5	花梨木面板	约 100 张	约 190 元 / 张	莫干山	国产名牌
6	电线	另见清单		东方	国产名牌
7	水管	另见清单		皮而萨	国产名牌
8	五金	另见清单		汇泰龙	国产名牌
9	洁具	另见清单		TOTO	合资名牌
10	瓷砖	约 $35m^2$	约 300 元 / m^2	诺贝尔	国产名牌

设备推荐表（表样） **表 2–7**

序号	设备名称	品牌与规格	市场价格（元）	使用场合	安装尺寸（mm）及安装要求
1	电视机	SONY/42″	约 17000	起居室	离地高 700（插座 800）
2	电视机	TCL/32″	约 9880	主卧室	离地高 700（插座 800）
3	电视机	TCL/32″	约 9880	次卧室	离地高 700（插座 800）
4	热水器	老板 /13L 天然气	约 2300	厨房	离地高 1700（插座 1700）
5	抽油烟机	老板 /	约 2100	厨房	与厨具组合（插座厨具内）
6	灶具	老板 /	约 1700	厨房	与厨具组合
7	消毒柜	老板 /	约 1600	厨房	与厨具组合
8	水斗	欧林 /	约 1380	厨房	与厨具组合
9	换气扇	奥普 /	约 560	厨房	吊顶安装，靠近内侧
10	冰箱	Lg/ 双开门	约 12000	厨房	四周留 100（插座 300）
11	浴霸	奥普 /	约 700	卫生间	吊顶安装，浴缸中心
12	空调	家用中央空调	约 37000	全宅	空调设计图
13	洗衣机	西门子 /5kg	约 7000	阳台	600×560×600

6）家具推荐表　根据业主情况、经济投入水平及市场情况，决定向业主推荐采用的家具，要注明品牌、色彩、风格、摆放尺寸等情况（表 2–8）。

家具推荐表（表样）　　　　　**表 2–8**

序号	家具名称	数量和单位	限制尺寸（mm）	材料风格和色彩说明
1	沙发	1/组	3500×3000	真皮/新中式/栗壳色
2	单椅	2/把	中型	三防布面/新中式/栗壳色
3	茶几	2/个	1200×1200	木+玻璃/新中式/栗壳色
4	电视柜	1/个	3500×600×300	木/新中式/栗壳色
5	主卧床	1/张	2000×2200×500	织物/新中式/栗壳色
6	衣柜	1/组	4500×2200×600	木/新中式/栗壳色
7	床前几	2/组	600×500×500	新中式/栗壳色
8	次卧床	1/张	2500×2000×500	织物/新中式/栗壳色
9	鞋柜	1/个	1200×1100×300	木/新中式/栗壳色
10	写字台	1/张	1700×800×780	木/新中式/栗壳色
11	餐桌	1/张	1600×1000×780	木/新中式/栗壳色
12	餐椅	1/组	中型	三防布面/新中式/栗壳色

7）阅读参考文献及文献综述　文献综述也在这个阶段进行。

（4）设计提纲

1）设计理念提炼　说明自己经过调研和思考得出的最适合业主的设计理念。

2）设计的主要着力点　说明自己主要在什么方面进行设计研究，这要紧紧围绕设计的主题展开。

3）空间及功能　说明空间的感觉和需要处理好的主要功能。

4）设计风格　明确说明设计采用的风格。

5）技术措施　说明主要采取哪些先进的技术措施。

6）造价水平　说明确切的造价水平是多少。

7）效果表现　选择哪几个角度进行效果图表现，一般项目 3～5 张。

8）施工图表现　一般是全部施工图。

（5）指导教师对开题文件进行评价

指导教师会从以下八个方面对开题报告作具体评价，学生可以从指导教师的评价中明确自己的设计方向和努力的成果。

1）题目的质量；

2）选题的意义及价值；

3）参考文献的针对性；

4）文献综述的质量；

5）调查分析的质量；

6）设计的深度；

7）设计的创意新颖性；

8）研究注意要点。

（6）教研室审核意见

教研室对开题报告的审核意见一般有下面三个选项：

1）该生对本课题有深入的认识，准备充分，完全达到开题要求；

2）该生对课题认识有一定深度，准备工作较充分，需进一步修改完善；

3）该生对课题认识不深，准备工作不充分，未达到开题要求。

看到教研室同意开题的意见，就意味着学生撰写的开题报告得到了批准，就可以按照开题报告中确定的设计路线进行毕业设计。

（7）对毕业设计的评价

对毕业设计的评价表一般也附在开题报告后面，内容主要有

1）指导教师对设计文件的评价

前四项由学生填写，后四项由指导教师和教研室、分院填写。

2）评阅教师对设计文件的评价

3）教研室审批意见

对毕业设计的评价一般也有三个选项：

A．评价合理；B．评价过高；C．评价过低，遇到后两种情况，指导教师需要重新评价。

4）毕业设计领导小组意见

同意或否定教研室的审核意见。

2.4.3 开题报告字数限定

高职高专学生毕业设计开题报告不少于2000字。

案例：宁波工程学院建筑装饰专业毕业设计开题报告模板（见附录A–5）。

2.5 选题准备类文本写作的技术规范

2.5.1 文字

毕业设计各类文本一律采用国家文字改革委员会正式公布的简化汉字书写，一律采用计算机排版、打印。要求语句通顺、表述严谨、数据完整、齐全、规范、正确。正文主体文字用宋体字，正文中所有非汉字均用Times New Roman体。排版行距：草稿用1.5倍行距，便于修改。正稿用单倍行距。字号根据模板，不得改动。每章一律另起页。

2.5.2 封面

论文采用本校毕业设计统一封面。

2.5.3 装订排序

有两个方法，一是将所有选题准备类文本装订在一起。二是将任务书、开题报告和文献综述装订在一起，其他评价文件装订在一起。

推荐采用第一种方法，具体排序：

（1）文本封面

（2）扉页（摘要、关键词、鸣谢）

（3）目录

（4）任务书（通用和个性）

（5）选题申报表

（6）开题报告

1）封面

2）目录

3）正文

4）评价与审批

（7）文献综述

1）封面

2）前言

3）综述

4）结论

（8）答辩申请书

（9）答辩成绩单

（10）毕业设计成绩单

（11）封底

2.5.4 标点符号

毕业设计（论文）中标点号应按中华人民共和国国家标准《标点符号用法》GB/T 15834—1995 使用。

2.5.5 名词、名称

科学技术名词术语尽量采用全国自然科学名词审定委员会公布的规范词或国家标准、部标准中规定的名称，尚未统一规定或叫法有争议的名词术语，可采用惯用的名称；使用外文缩写代替某一名词术语时，首次出现时应在括号内注明其含义，如 CPU（Central Processing Unit）代替计算机中央处理器。外国人名一般采用英文原名，可不译成中文，英文人名按名前姓后的原则书写，如 P. Cray，不可将外国人姓名中的名部分漏写，例如不能只写 Cray，应写成 P.Cray。一般很熟知的外国人名（如牛顿、爱因斯坦、达尔文、马克思等）可按通常标准译法写译名。

2.5.6 量和单位

毕业设计（论文）中的量和单位必须采用中华人民共和国国家标准《出版物上数字用法的规定》GB/T 15835—1995，它是以国际单位制（SI）为基础的。非物理量的单位，如件、台、人、元等，可用汉字与符号构成组合形式的单位，例如，件／台、元／km。

2.5.7 数字

毕业设计（论文）中的测量、统计数据一律用阿拉伯数字，如 5.25MeV 等。在叙述不很大的数目时，一般不宜用阿拉伯数字。

2.5.8 日期

有关年月日等日期的填写，应按国家标准《数据元和交换格式、信息交换、日期和时间表示法》GB/T 7408—94 规定的要求，一律用阿拉伯数字书写。如"2005 年 3 月 26 日"或"2005—03—26"。

2.5.9 标题层次

毕业设计的全部标题层次应有条不紊，整齐清晰，相同的层次应采用统一的表示体例，正文中各级标题下的内容应同各自的标题对应，不应有与标题无关的内容。章节、附录等要按照新闻出版署行业标准《科技文献的章节编号办法》CY/T 35—2001 的规定进行编号。

章节编号方法应采用分级阿拉伯数字编号方法，第一级为"1"、"2"、"3"等，第二级为"2.1"、"2.2"、"2.3"等，第三级为"2.2.1"、"2.2.2"、"2.2.3"等，但分级阿拉伯数字的编号一般不超过四级，两级之间用下角圆点隔开，除第一级外，其余各级的末尾不加标点。

各层标题均单独占行书写，第一级标题居中书写，第二级标题序数顶格书写，空一格接写标题，末尾不加标点，第三级和第四级标题均空两格书写序数，空一格写标题。第四级以下单独占行的标题须序采用 A.B.C……和 a.b.c. 两层，标题均空两格书写序数，空一格写标题。正文中总项包括的分项采用（1）、（2）、（3）……的序号，对分项中的小项采用①、②、③……的序号，数字加半括号或括号后，不再加其他标点。

2.5.10 注释

毕业设计（论文）中有个别名词或情况需要解释时，可加注说明，注释可用页末注（将注文放在加注页稿纸的下端）或篇末注（将全部注文集中在文章末尾），而不用行中注（夹在正文中的注）。若在同一页中有两个以上的注时，按各注出现的先后，顺序编列注号，注释只限于写在注释符号出现的同页，不得隔页。

2.5.11 公式

公式应另起一行写在稿纸中央，一行写不完的长公式，最好在等号处转行，如做不到这点，在数学符号（如"+"、"−"号）处转行，数学符号应写在转行后的行首。公式的编号用圆括号括起放在公式右边行末，在公式和编号之间不加虚线，公式可按全文统一编序号，公式序号必须连续，不得重复或跳缺；重复引用的公式不得另编新序号。

公式中分数的横分线要写清楚，特别是连分数（即分子和分母也出现分数时）更要注意分线的长短，并将主要分线和等号对齐。在叙述中也可将分数的分子和分母平列在一行，用斜线分开表述。

2.5.12 表格

每个表格应有自己的表题和表序，表题应写在表格上方正中，表序写在表题左方不加标点，空一格接写表题，表题末尾不加标点。全文的表格统一编序，也可以逐章编序，不管采用哪种方式，表序必须连续。表格允许下页接写，接写时表题省略，表头应重复书写，并在右上方写"续表 ××"。此外，表格应写在正文首次出现处的近处，不应过分超前或拖后。

2.5.13 图

毕业设计的插图必须精心制作，线条要匀称，图面要整洁美观，插图应与正文呼应，不得与正文脱节。每幅插图应有图序和图题，全文插图可以统一编序，也可以逐章单独编序，不管采用哪种方式，图序必须连续，不得重复或跳缺。由若干分图组成的插图，分图用 a、b、c……标序，分图的图名以及图中各种代号的意义，以图注形式写在图题下方，先写分图名，另起行后写代号的意义。图应在描纸或洁白纸上用墨线绘成，或用计算机绘图，电气图或机械图应符合相应的国家标准的要求

2.5.14 参考文献

文后参考文献著录格式应符合中华人民共和国国家标准《文后参考文献著录规则》GB/T 7714—2005。

（1）参考文献类型（表 2–9 ~ 表 2–11）

参考文献类型及文献类型标识 **表 2–9**

类型	专著	论文集	报纸文章	期刊文章	学位论文	报告	标准	专利
标识	M	C	N	J	D	R	S	P

电子参考文献类型及其标识 **表 2–10**

类型	数据库	计算机程序	电子公告
标识	DB	CP	EB

电子文献载体类型及其标识 **表 2–11**

类型	磁带	磁盘	光盘	联机网络
标识	MT	DK	CD	OL

(2) 参考文献的写法

1) 专著著录格式

[序号]著者(用逗号分隔). 书名[M]. 版本(第一版不写). 出版地:出版社,出版年

例:[1]李凯源. 现代应用文写作[M]. 北京:中国商业出版社,1993.

例:[2]孙家广,杨长青. 计算机图形学[M]. 北京:清华大学出版社,1995.

2) 期刊著录格式

[序号]作者. 题名[J]. 刊名,出版年份,卷号(期号):起止页码

例:[3]刘彪. 现代市场经济中的银企关系分析[J]. 经济研究,1994,(5):22—25

3) 论文集著录格式

[序号]作者. 题名[A]. 见(英文用In):主编. 论文集名[C]. 出版地:出版者,出版年.

起止页码

例:[4]张佐光,张晓宏,仲伟虹,等. 多相混杂纤维复合材料拉伸行为分析[A]. 见:张为民编. 第九届全国复合材料学术会议论文集(下册)[C]. 北京:世界图书出版公司,1996.410—416

4) 学位论文著录格式

[序号]作者. 题名[D]. 保存单位,年

例:[5]金 宏. 导航系统的精度及容错性能的研究[D]. 北京:北京航空航天大学自动控制系,1998

5) 科技报告著录格式

[序号]作者. 题名[R]. 报告题名及编年,出版年

例:[6]Kyungmoon Nho. Automatic landing system design using fuzzylogic[R]. AIAA—98—4484,1998

6) 国际、国家或行业标准著录格式

[序号]标准编号,标准名称[S]

例:[7]QC/T 490—2000,汽车车身制图[S]

7) 电子文献著录格式

[序号]作者. 题名[电子文献/载体类型标识]. 电子文献的出处或可获得地址,发表或更新日期/引用日期

例:[8]王明亮. 关于中国学术期刊标准化数据系统工程的进展

[EB/OL]. http://www.cajcd.edu.cn/pub/wml.txt/980810—2.html,1998—08—16/1998—10—04

8) 报纸著录格式

[序号]主要责任者. 文献题名[N]. 报纸名,出版日期(版次)

例:[9]李明. 论人道与人道主义[N]. 人民日报,1992—03—15(8)

2.5.15　摘要写法

摘要又称内容提要，它应以浓缩的形式概括研究课题的内容、方法和观点，以及取得的成果和结论，应能反映整个内容的精华。摘要以200字左右为宜；撰写摘要时应注意以下几点：

1）用精炼、概括的语言来表达，每项内容不宜展开论证或说明；

2）要客观陈述，不宜加主观评价；

3）成果和结论性字句是摘要的重点，在文字论述上要多些，以加深读者的印象；

4）要独立成文，选词用语要避免与全文尤其是前言和结论部分雷同；

5）既要写得简短扼要，又要生动，在词语润色、表达方法和章法结构上要尽可能写得有文采，以唤起读者对全文阅读的兴趣。

2.5.16　谢辞

谢辞应以简短的文字对毕业设计过程中曾直接给予帮助的人员（例如指导教师、答疑教师及其他人员）表示自己的谢意，这不仅是一种礼貌，也是对他人劳动的尊重，是治学者应有的思想作风。

2.5.17　文本编辑修改符号及意义

毕业设计的文本修改是在所难免的事，尤其对艺术类高职高专的学生，由于文化水平的限制，对汉语写作的课程学的非常有限，写作水平对写作规范性要求高的毕业设计开题报告、文献综述和设计说明还是相对困难。指导教师会对学生的文本多次审稿，同时也会作许多修改，因此必须明白文本修改符合的规则。详细应仔细学习中华人民共和国国家标准《校对符号及其用法》GB/T 14706—93。为了学习方便，下面附录这个国家标准。

中华人民共和国国家标准《校对符号及其用法》 GB/T 14706—93

Proofreader's marks and their application

（1）主要内容与适用范围

本标准规定了校对各种排版校样的专用符号及其用法。

本标准适用于中文（包括少数民族文字）各类校样的校对工作。

（2）引用标准

GB9851　印刷技术术语

（3）术语

3.1　校对符号 proofreader's mark

以特定图形为主要特征的、表达校对要求的符号。

（4）校对符号及用法示例

（5）使用要求

5.1　校对校样，必须用色笔（墨水笔、圆珠笔等）书写校对符号和示意改正的字符，但是不能用灰色铅笔书写。

编号	符号形态	符号作用	符号在文中和页边用法示例	说　明
		一、字符的改动		
1		改正	增高出版物质量。 提 改革开放 放	改正的字符较多，圈起来困难时，可用线在页边画清改正的范围 必须更换的损、坏、污字也用改正符号画出
2		删除	提高出版物物质质量。	
3		增补	要搞好校工作。 对	增补的字符较多，圈起来有困难时，可用线在页边画清增补的范围
4		改正上下角	16=42 H₂SO4 尼古拉费欣 0.25+0.25=0.5 举例 2×3=6 X Y=1:2	
		二、字符方向位置的移动		
5		转正	字符颠倒要转正。	
6		对调	认真经验总结。 认真验结经总。	用于相邻的字词 用于隔开的字词
7		接排	要重视校对工作， 提高出版物质量。	
8		另起段	完成了任务。明年……	
9		转移	校对工作，提高出版物质量要重视。 以上引文均见中文新版列宁全集。 编者 年 月 …… 各位编委：	用于行间附近的转移 用于相邻行首末衔接字符的推移 用于相邻页首末衔接行段的推移
10	或	上下移	序号 名称 数量 01 显微镜 2	字符上移到缺口左右水平线处 字符下移到箭头所指的短线处
11	或	左右移	要重视校对工作，提高出版物质量。 3 4 5 6 5 欢呼 歌 唱	字符左移到箭头所指的短线处 字符左移到缺口上下垂直线处符号画得太小时，要在页边重标
12		排齐	校对工作非常重要。 必须提高印刷质量，缩短印刷周期。 国家标准	
13		排阶梯形	RH_2	
14		正图		符号横线表示水平位置，竖线表示垂直位置，箭头表示上方
		三、字符间空距的改动		
15		加大空距	一、校对程序 校对胶印读物、影印书刊的注意事项：	表示在一定范围内适当加大空距 横式文字画在字头和行头之间
16		减小空距	二、校对程序 校对胶印读物、影印书刊的注意事项：	表示不空或在一定范围内适当减小空距 横式文字画在字头和行头之间
17	#	空1字距 空1/2字距 空1/3字距 空1/4字距	第一章校对职责和方法 1. 责任校对	多个空距相同的，可用引线连出，只标示一个符号
18	Y	分开	Goodmorning!	用于外文
		四、其他		
19	△	保留	认真搞好校对工作。	除在原删除的字符下面△外，并在原删除符号上画两竖线
20	○=	代替	色的程度不同，从淡色到深色具有多种层次，如天色、湖色、海色、宝色…… ○=蓝	同页内有两个或多个相同的字符需要改正的，可用符号代替，并在页边注明
21	○○○	说明	第一章 校对的职责	说明或指令性文字不要圈起来，在其字下画圈，表示不作为改正的文字。如说明文字较多时，可在首末各三字下画圈

5.2　校样上改正的字符要书写清楚。校改外文要用印刷体。

5.3　校样中的校对引线要从行间画出。墨色相同的校对引线不可交叉。

附录 A：校对符号应用实例

注：本标准由人民出版社负责起草。

附录 A：校对符号应用实例

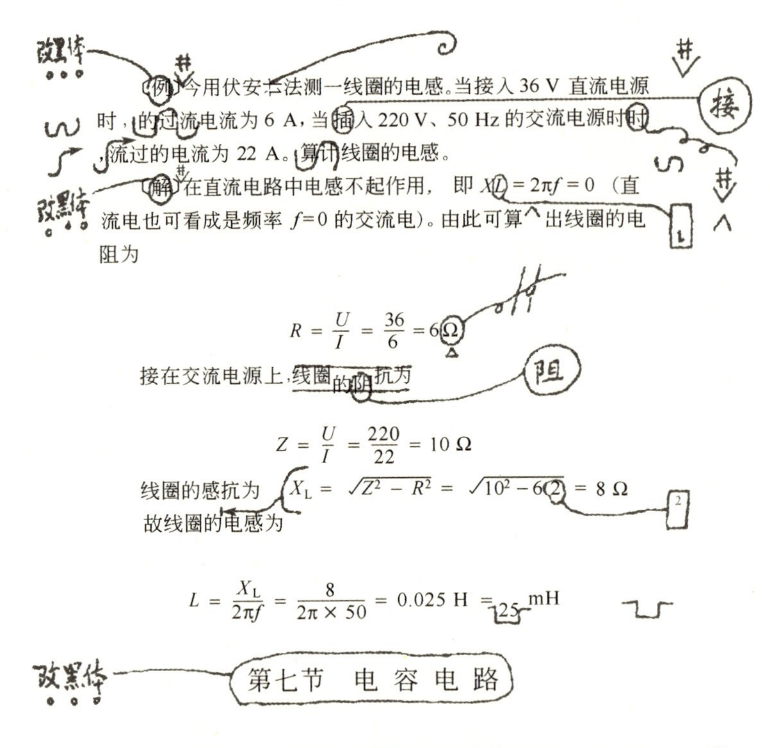

第3章　建筑装饰专业毕业设计的通用格式

3.1 建筑装饰专业毕业设计的构成要件

建筑装饰专业的毕业设计通常由四类文件组成：

3.1.1 选题准备类文本

通常包括开题报告、文献综述。这两个文本主要疏理毕业设计思路，以文字表述为主。

艺术类毕业设计选题准备类的文本最好能有清晰、全面的信息和美观、别致的排版。

3.1.2 设计图册类文本

通常是一本设计方案图册，包括封面、扉页、目录、设计说明和图稿。

设计图册类文本是体现毕业设计成果的主要文本。

3.1.3 展示类文本

通常是规格统一的设计展板，以效果图和总平面图为主要内容。主要介绍毕业设计理念和设计的主体部分，作者简介也可以作为一项内容。

3.1.4 说明演示类文本

通常是毕业设计答辩演示幻灯片，是以多媒体的形式，全面、生动、直观、有条理地介绍自己毕业设计的主要亮点和自己在毕业设计过程中的研究成果的电子文件，时长一般限制在 5 ～ 10 分钟。

这四类文本都要涉及到设计和排版。

3.2 建筑装饰类毕业设计文本形式的特殊要求

3.2.1 建筑装饰类毕业设计文本形式的特殊性

各个学校对毕业设计的写作格式一般都有统一的规定。多数学校对校内所有学科的规定通常也是一刀切的：基本上是表格式的文体，申请书式的封面。其优点：内容全面、信息完整，条理性强。其缺点：刻板、单调，缺乏美感，形式上丝毫没有吸引力。那样的规定对文、理、工、管、经、法、医、史等学科也许是适合的。但对艺术类的毕业设计而言有点过于死板，反映不出艺术类学科的专业特点。因此，有必要对建筑装饰类专业毕业设计的有关文件格式作适当的符合专业特点的调整。当然，也不能调整成千人千面、杂乱无章的样子。建筑装饰类毕业设计属于艺术设计的范畴，因此，应该以艺术设计的要求要求之。

由于建筑装饰类毕业设计通常要组织毕业设计展览，有的还要参加各级各类毕业设计竞赛，因此毕业设计文件的视觉效果是吸引参观者或评判者视线的关键。

3.2.2 艺术类毕业设计文本编排设计的总体要求

(1) 总体要求

艺术类毕业设计文本编排设计的总体要求有六条：排版美观、色彩悦目、表达规范、图面清晰、装帧精致、形式创新。

(2) 推荐的形式

排版设计既有统一的面貌，又有美观悦目的形式；既能清晰地传达必要的信息，又能让人感觉到艺术设计的魅力。尤其是各种文件的封面设计，在视觉上一定要有吸引力，要让人有一种爱不释手的感觉。

图 3-1 是宁波工程学院 04 级毕业设计开题报告的封面模板，与那种表格式的封面相比，艺术气质明显增加。排版简洁，信息完整，层次清晰，主题突出。符合毕业设计文本的特点，有一定的学术气息。

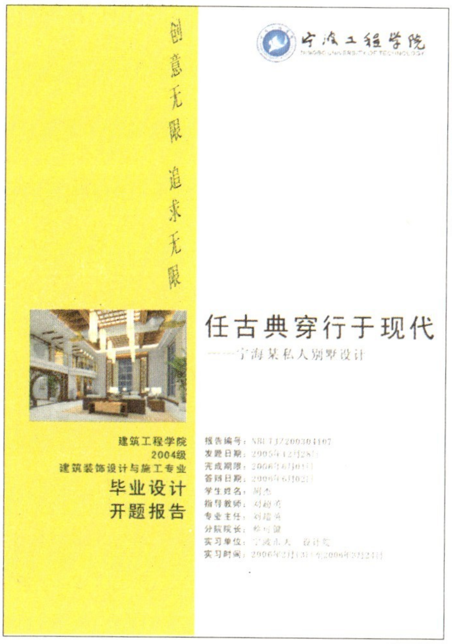

图 3-1 宁波工程学院 04 级毕业设计开题报告封面模板

3.2.3 建筑装饰类毕业设计文本编排推荐的处理手法

(1) 各类设计文本都应有模板

各类设计文本都应该有设计模板，因为每个学校学生数量多，如果不用模板进行限制，势必出现"千人千面、杂乱无章"的现象，从学校整体看是非常凌乱的。拿到校外参加竞赛也没有统一的形象，形成不了整体效果。因此，每个学校的各类设计文本最好有一个统一的设计模板。

(2) 每个学校每个专业每届学生一个设计模板

根据学校"铁打的营盘流水的兵"的特点，年复一年的毕业设计最好有一点识别性，所以每一届毕业设计最好能设计一个模板。用这个模板统一本届毕业设计的形象。这样，如果参加各类竞赛，本校的作品就有一个统一的形象。

具体可以这样操作：每届毕业设计可以号召学生设计封面模板，做一个小型的设计竞赛，优胜者作为选用的模板。优胜者可以加分、署名。

(3) 模板设计要求"统一中有变化"

毕业设计文本单本突破意义不大，整体感觉尤为重要。有了模板是不是就会出现千人一面的效果呢？这是有可能的，但最好通过有统一、有变化的设计格局来克服这个设计缺点。如排版骨架、文字位子是统一的，底图是可以变化的。这样就会形成很好的视觉效果：统一中有变化，变化中有统一。既有共性，又有个性。

图 3-2 是宁波工程学院 03 级毕业设计设计图册的封面模板。每个学生按照模板制作封面，骨架部分是不能变动的，但在效果图区可以用自己

图 3–2　宁波工程学院 03 级毕业设计设计图册的封面模板

的作品替换。这样在整体统一的格式下，也有一些变化。因为效果图是封面的核心，效果图变化了封面的感觉也会随之变化。既有学校和届别的识别性，又有学生个体的识别性，比较适合作为毕业设计的封面。如果同一届学生有好几个班级，可以提供封面底色配色的变化进行区别。但整个学校的封面排版格式最好不要变动。

3.2.4　艺术类毕业设计文本编排应该处理好的关系

（1）思想性与单一性

排版设计本身并不是目的，设计是为了更好地传播客户信息的手段。版面离不开内容，更要体现内容的主题思想，用以增强读者的注目力与理解力。只有做到主题鲜明突出，一目了然，才能达到版面构成的最终目标。平面艺术只能在有限的篇幅内与读者接触，这就要求版面表现必须单纯、简洁。对那种含意复杂的版面形式，人们早已不屑一顾了。实际上强调单纯、简洁，并不是单调，简单，而是信息的浓缩处理，内容的精练表达，它是建立于新颖独特的艺术构思上。因此，版面的单纯化，既包括诉求内容的归纳与提炼，又涉及版面形式的构成技巧。

（2）艺术性与装饰性

为了使版式设计更好地为版面内容服务，寻求合乎情理的版面视觉语言则显得非常重要，也是达到最佳诉求的体现。构思立意是设计的第一步，也是设计作品中所进行的思维活动。主题明确后，版面构图布局和表现形式等则成为版面设计艺术的核心，这是一个艰难的创作过程。怎样才能达到意新、形美、变化而又统一，并具有审美情趣，这就要取决于设计者的审美情趣和丰富的文化内涵。所以说，排版设计是对设计者的思想境界、艺术修养、技术知识的全面检验。

版面的装饰因素是由文字、图形、色彩等通过点、线、面的组合与排列构成的，并采用夸张、比喻、象征的手法来体现视觉效果，既美化了版面，又提高了传达信息的功能。不同类型的版面的信息，具有不同方式的装饰形式，它不仅起着排除其他、突出版面信息的作用，而且又能使读者从中获得美的享受。

（3）趣味性与独创性

排版设计中的趣味性，主要是指形式的情趣。这是一种活泼性的版面视觉语言。如果版面充满趣味性，能使传媒信息如虎添翼，起到了画龙点睛的传神功力，从而更吸引人、打动人。趣味性可采用寓意、幽默和抒情等表现手法来获得。

独创性原则实质上是突出个性化特征的原则。鲜明的个性，是排版设计的创意灵魂。试想，如果版面都是单一化与概念化的大同小异，人云亦云，可想而知，它的记忆度有多少？更谈不上出奇制胜。因此，要敢于思考，敢于别出心裁，敢于独树一帜，在排版设计中多一点个性而少一些共性，多一点独创性而少一点一般性，才能赢得消费者的青睐。

（4）整体性与协调性

排版设计是传播信息的桥梁，所追求的完美形式必须符合主题的思想内容，这是排版设计的根基。只讲表现形式而忽略内容，或只求内容而缺乏艺术表现，其设计都是不成功的。只有把形式与内容合理地统一，强化整体布局，才能取得版面构成中独特的社会和艺术价值，才能解决设计说什么、对谁说和怎样说的问题。

强调版面的协调性原则，也就是强化版面各种编排要素在版面中的结构以及色彩上的关联性。通过版面的文、图间的整体组合与协调性的编排，使版面具有秩序美、条理美，从而获得更好的视觉效果。

3.3 设计文本中各设计要素的构成和通用格式

艺术类毕业设计的选题准备类文本和设计类文本就像一本本书籍和画册，它们的设计要求应该等同于书籍装帧设计。

3.3.1 封面和封底

（1）封面设计的意义

封面是读者第一眼接触的视觉媒体，读者通过这第一眼决定是不是要翻开里面的内容，进行阅读。因此，封面给读者第一印象，尤其是在高手林立的设计竞赛。好的封面设计可以给评委好的第一印象，也是为整个设计加分的一个重要因素。因此，封面设计是设计文本的艺术门面，设计时要给予高度重视。

图形、色彩和文字是封面设计的三要素。通过艺术形象设计的形式来反映文本的内容。内外精神的结合度，同一作者有不同的性格趋向，选择性地彰显往往具有加倍的效果；读者诉求精准是要求封面设计必须同编辑企划一体形成。美感、趣味和创新也是构成封面的美感要素。

（2）封面的要素

1）选题准备类文本封面的要素

A. 必须有的要素　这是说明文本性质的文字信息，它们有：文本名称（如开题报告或文献综述）／学校名称／学校标志／分院名称／专业名称／毕业设计标题／副标题／班级、学号、姓名／指导教师／专业主任姓名／分院院长姓名／题目来源单位名称／实习日期／完成日期。

具体要求由设计模板确定，在这里建议如下（表3–1）：

选题准备类文本封面要素和设计要求表　　　　**表3–1**

<table>
<tr><th>信息内容</th><th>醒目程度</th><th>建议字体和字号</th></tr>
<tr><td>文本名称（如开题报告或文献综述）</td><td>☆☆☆☆</td><td>黑体2号</td></tr>
<tr><td>学校名称</td><td>☆☆☆</td><td rowspan="2">学校标准字和标志</td></tr>
<tr><td>学校标志</td><td>☆☆☆</td></tr>
<tr><td>分院名称</td><td rowspan="2">☆☆☆</td><td rowspan="2">黑体3号</td></tr>
<tr><td>专业名称</td></tr>
<tr><td>毕业设计主标题</td><td>☆☆☆☆☆</td><td>黑体2号以上</td></tr>
<tr><td>副标题</td><td>☆☆☆</td><td>宋体4号</td></tr>
<tr><td>班级／学号／姓名</td><td rowspan="4">☆☆</td><td rowspan="4">宋体5号／小4号</td></tr>
<tr><td>指导教师／专业主任姓名／分院院长姓名</td></tr>
<tr><td>题目来源单位名称／实习日期</td></tr>
<tr><td>完成日期</td></tr>
</table>

B. 其他可选要素　这是美化版面的图形信息，它们主要是一些平面图案：效果图／照片／色块／英文或拼音／作者自己设计识别标志。

C. 选题准备类文本封面的规格　一般采用国际A4大小，竖排形式，装订线在左侧。

D. 图3–3是浙江建设职业技术学院2006届毕业生丁国军设计的毕业设计文本封面案例。

2）设计图册的封面要素

A. 必须有的要素是说明文本性质的文字信息，它们有：文本名称设计理念／文本性质毕业设计／学校名称／学校标志／分院名称／专业名称／毕业设计／主标题／副标题／班级、学号、姓名／指导教师／专业主任姓名／分院院长姓名／题目来源单位名称／实习日期（表3–2）。

B. 其他可选要素　平面图案（效果图／照片／色块／英文或拼音）／作者自己设计识别标志。

图 3–3　浙江建设职业技术学院 2006 届毕业生设计封面案例
（设计：丁国军
指导教师：竺越）

设计图册类文本封面要素和设计要求表　　　　**表 3–2**

信息内容	醒目程度	建议字体和字号
设计理念（口号）	☆☆☆☆	黑体 2 号
文本名称：毕业设计	☆☆☆☆	
学校名称	☆☆☆	学校标准字和标志
学校标志	☆☆☆	
分院名称	☆☆☆	黑体 3 号
专业名称		
毕业设计主题目	☆☆☆☆☆	黑体 2 号以上
副标题（项目名称）	☆☆☆	宋体 4 号
项目公司名称（标志）	☆☆☆	宋体 4 号
班级 / 学号 / 姓名	☆☆	宋体 5 号 / 小 4 号
指导教师 / 专业主任姓名 / 分院院长姓名		
题目来源单位名称 / 实习日期		
完成日期		

C. 选题准备类文本封面的规格　一般采用 A3 大小，横排形式，装订线在左侧。

3）封面的排版

这是视觉传达设计的专业内容，这里仅提要点：

A. 信息层次。按需要传达的信息重要程度安排平面空间位置，重要的应该放在重要的位置，次要的放在次要的位置。

B. 按平面设计形式美的规律进行设计。平面设计形式原理是形式美感的基本法则。它是通过重复与交错、节奏与韵律、对称与均衡、对比与调和、比例与适度、变异与秩序、虚实与留白、变化与统一等形式美法则来规划版面，把抽象美的观点及内涵诉诸读者，并从中获得美的教育和感受。它们之间是相辅相成、互为因果，既对立，又统一地共存于一个版面之中。

4）封底

封底是文本的一个组成部分。就像一个句号，文章如果没有句号总觉得没有完成。文本如果没有封底，就像任务没有完成一样。

封底的用纸应该与封面相同，有时一页素纸也未尝不可，如果用封面的图案作适当的延伸，效果也不错。封底的设计可以参考图书的一些做法。

3.3.2 装帧设计

装帧设计是指书籍的整体设计，一本书的封面、开本、装帧应该具有实用价值；艺术类毕业设计文本的装帧应该体现出本专业的特色。

（1）装帧的总体要求

美观、适合、统一。

1）装帧美观

形式上干净利落，装帧部件的色彩搭配美观，气质高雅。

2）装帧适合

装帧的形式要符合内容的需要，便于文本的阅读。

3）装帧统一

一个学校一个专业应该用一种装帧方法，在形式上类似于套书或丛书。如开题文本统一用平装，作品集统一用半精装或精装 DIY 的形式，这样便于学校存档和外出参加各类竞赛（图 3–4）。

（2）装帧的形式（表 3–3、表 3–4）

图 3–4　各类文本的装帧效果

选题准备类文本装帧的形式 表 3–3

装帧形式	装订方法	装帧形式的视觉效果	组织者态度
简装	钉书机	简陋，视觉效果差	反对
平装	骑马钉或胶背装订	一般，效果朴素	提倡
半精装	塑圈或铁圈＋透明硬膜	较好，比较专业	不提倡，也不反对

设计图册的形式 表 3–4

装帧形式	装订方法	装帧形式的视觉效果	组织者态度
简装	钉书机	简陋，视觉效果差	反对
平装	骑马钉或胶背装订	一般，效果朴素	要求达到
半精装	塑圈或铁圈＋透明硬膜	较好，比较专业	提倡
精装 DIY	自行制作精致的封面	好，有个性	非常提倡
专业精装	专业公司硬包封面	精致，非常专业	不提倡，也不反对

3.3.3 内页

设计图册的内页一般由扉页、目录、设计说明、效果图、施工图、附录六个部分组成。

(1) 扉页

常常用半透明的硫酸纸，在上面用优美的文字书写设计理念、内容提要、鸣谢三类简短的内容，很有艺术感觉，给读者一种温馨的感觉，非常好。如果用同内页文本同样的纸也可以。扉页的设计大都比较空灵，排版设计虚实结合，以虚为主，使读者的阅读更加轻松，使整个文本感觉高档很多。

(2) 目录

目录的总体要求是内容准确，层级分明，排版简明。目录按三级标题编写（即：1.……、1.1……、1.1.1……），要求标题层次清晰。目录中标题应与正文中标题一致。

1) 内容准确

这是指章节或图名正确，页码指示准确。

2) 层级分明

即章节或图类分明。高职高专的毕业设计文件由于文件内容少，所以目录一般宜采用二级或三级目录形式，这样看上去形式更加饱满一些。

3) 排版简明

选题准备类文本由于内容不多，所以目录可以简单一些，排版也要讲究平面设计，有疏有密，如果配上适当的图片，视觉上也会丰富不少。

设计图册类文本的目录可以采用通常工程图集常用的表格式目录，也可以采用书稿的目录形式。

(3) 设计说明

设计说明主要包括以下几个部分：

工程概况、设计依据、技术要求和检验依据、对设计版权的保护申明、免责条件。

（4）效果图

设计图册一般都要附几页主要部位的效果图。效果图是直观地表达工程设计情况的图纸，效果图要求打印精致，排版美观，大小适宜，最好也有个版式设计，使整个文本的设计感更加强烈（图 3–5、图 3–6）。

（5）施工图

这是设计图册的主体部分，施工的依据，也是质量检验的依据。施工图一般用 CAD 绘制。

施工图的制图要求规范性很强，要求按照《房屋建筑制图统一标准》GB/T 50001—2001、《建筑制图标准》GB/T 50104—2001、《建筑结构制图标准》GB/T 50105—2001、《给水排水制图标准》GB/T 50106—2001、《暖通空调制图标准》GB/T 50114—2001 执行。

建筑装饰专业施工图用于出版或展览但也可以加上色彩和排版信息（图 3–7）。

（6）附件

如果需要，可以附加，但要放在最后，如质量检验标准等。

图 3–5　宁波工程学院毕业设计效果图排版教学案例

图 3-6　浙江建设职业技术学院 2006 届毕业生效果图排版（设计：丁国军）

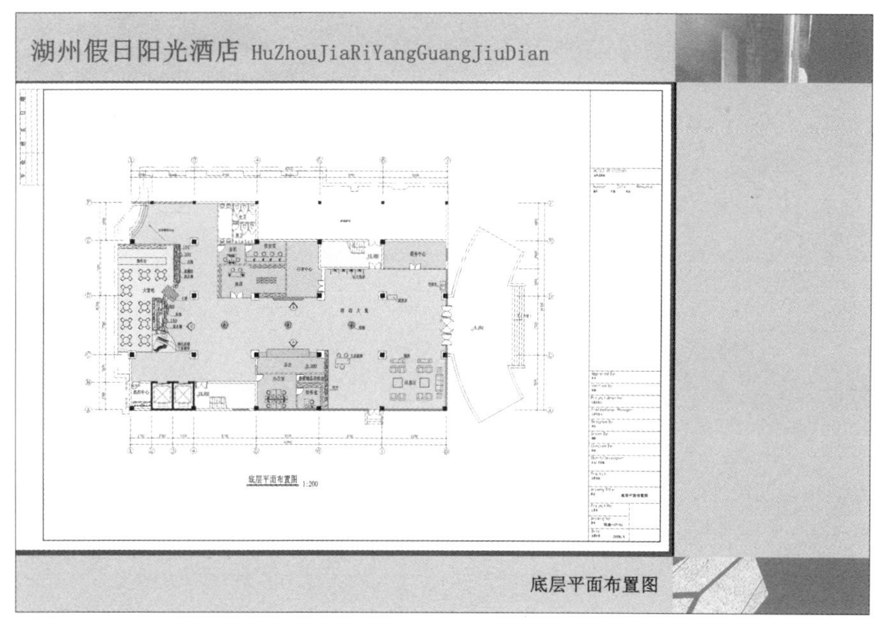

图 3-7　浙江建设职业技术学院的学生毕业设计施工图的排版

3.3.4　文本的规格

毕业设计文本建议采用统一的规格。

（1）开本大小

1）选题准备类文本

宜采用国际标准 A4（210mm×297mm）竖排的规格。

2）设计图册类文本

宜采用国际标准 A3（420mm×297mm）横排的形式。如果 A3 的图面太小，可以按倍数扩大，然后折叠成 A3 大小，这样容易存档。

（2）内页纸张

最好采用 150g 铜版纸，装订和打印效果都很好。如果采用 80g 复印纸也可以，但打印效果一般，装订后的手感相对比较软。效果图如果采用激光打印，必须采用铜版纸，如果采用喷墨打印最好采用专业打印纸。

（3）版式设计

1）图框

建筑装饰专业的设计图册一般是以施工图为主体的设计文本。每个公司的施工图都有自己特定的图框。毕业设计的施工图也要按照市场惯例使用图框。由于真题真做，所以各个装饰公司五花八门的图框不宜作为学校的图框。学生必须采用学校的图框，以符合学校的毕业设计规范。

图框分图文区、图签区、装订区三个部分。图文区是图纸的主要部分。图签区事关绘图单位和绘图者的责任和权益，所以是不可缺少的部分。图签区一般由单位名、标志、广告语、会签栏、版权申明、业主意见、页码、日期八个部分组成。图签区也要好好设计，疏密有致，与图文区形成统一美观的整体。图签区一般位于图纸的右侧或下方（图 3–8）。

装订区　设计图册的图纸数量一般较多，少的有二三十页，多的有七八十页。所以必须考虑装订的位置，不要因为装订而影响了图纸的阅读。

学生上交学校的毕业设计施工图应该采用学校的统一图框。

2）图的要求

图文区的图要讲究排版、比例和构图。图不能太大，也不能太小，

图 3–8　图框形式案例

要比例适中。一般平面图宜采用的比例为 1：100，1：80，1：50，最小不宜小于 1：150，否则图面信息就不易看清。立面图的比例最好在 1：50 以上，这样阅读非常舒适。构造图的比例要根据情况确定，最好在 1：30 以上。

图的线型要层次分明，图上的说明文字字型字号应该一致。尺寸标注要符合制图规范。

3.3.5 展板

（1）展板内容

展板是毕业设计展览内容的载体。它的主要内容有：

1）展览识别图文

为这个展览特别设计的标志或展览名图文。

2）作品标题

即毕业设计的主标题和副标题。标题一定要放在突出的位置，醒目、艺术的字型字体，给人深刻的视觉印象。

3）主题介绍

相当于开题报告及文献综述的摘要。要用精练精彩的文字说明设计的理念和主题。

4）设计图和图片说明

作品的效果图、总平面图、精彩的构造详图、图片说明组成。最好有实施项目的现场照片。主要效果图要放在主要的突出位置，尺寸也可以特别大。图片说明要统一字型、字号、色彩。

5）作者介绍

包括作者照片和作者介绍。作者介绍的主要内容是作者爱好、特长、经历（尤其是实习经历）、喜欢的格言等。文字内容简短，版式设计可以时尚一些。

6）教师点评

指导教师对学生作品所作的评价，点评要简短，切中要害。

（2）宜采取的规格

各校可以根据自己的情况决定展板的规格，如果参加设计竞赛，则按组委会的要求执行。推荐的展板规格是 800mm×1200mm，竖向排版。

（3）排版设计

展板的排版要遵循统一与变化的原则。即每届展览要设计一个统一的模板，统一所有展板的版面形式，同时也要给学生以一定的自由发挥的空间，使整个展览的效果不至于太沉闷。统一设计的手法主要有：

1）标志式

即在规定的位置、大小统一出现一个展览识别性标志，给人统一的识别印象。其他的部分可以给学生自由发挥。

2）边条式

即在展板的某一个或两个边沿，设计一个展览识别图文。这个部分的图案、文字、色彩、大小都是不变的，其他部分给学生自由发挥。

3）框架式

即把展板设计成一个统一框架，文字或图片的内容出现在规定的区域。

4）色块式

即在色彩上统一采用一个底色和标题色，用色彩来造成统一感。

除了上述统一的手法之外，在标题、作者照片、作者介绍、主题介绍、图片说明的字型、字号、位置、色彩也应作出统一规定，使展览形成比较强的整体感。

（4）打印要求

展板的打印一般是通过宽幅打印机打印。图片清晰度高，通常满足打印要求的图片像素要求为150dpi。

（5）装裱

展板的装裱一般采用KT板为基层材料，这种材料重量轻，表面平整，可以将打印的画面裱在上面，在表面再覆盖光膜或亚膜进行保护。完成后用U形灰色细塑料条包边。效果整洁，成本也不是很高，同时又易于布展。

3.3.6 演示文档

包含下列要素：时长5～8分钟左右的PPT或其他适合演示的多媒体文件，主要说明设计背景、设计理念、总平面、主要效果图、精彩立面图和构造图、设计的主要收获。

要求画面排版清晰、文字鲜明、动画得当。

（1）排版清晰

要根据演示文档的特点设计排版。可以套用软件自带的模板，但提倡自己设计模板。设计要求图文并茂、美观清晰。

（2）文字鲜明

演示文档的文字设计一定要精练、鲜明，尽量用标题式的句子，不要出现大面积的文本文字。字型、字号的选择也要符合观赏特点，尽可能地大一些。

（3）动画得当

可以设计适当的动画，增强观赏的效果。但动画的形式不宜过多过滥，过于花哨的动画会冲淡作品的主题。

3.3.7 电子设计文档的技术要求

要求提供文本全套电子文件，供学校存档。

（1）文档格式

1）文本

推荐采用word软件制作，存盘文档格式为*.doc。

2）图像

推荐采用 *.jpg 的形式，这种文件格式文件大小与质量的比值最高。也就是说文件最小，质量最好。

如果用于出版，不同的出版社要求不同，有的要求 *.eps 格式，有的要求 *.tif 格式。具体要咨询出版社的技术部门。

（2）精度要求

如果符合出版要求，图像类彩色或黑白图片要求达到 350dpi，线条类图片 650dpi。一般以最高要求存盘。因为像素降低非常容易，但提高像素就不容易了。

（3）电子文档文件名的命名

电子文件的命名格式一定要有规则，否则学生众多，命名方法各异，极其混乱。推荐最终完成的电子文档的命名方式为：

1）文件夹名称

学校＋学院＋专业＋短学号＋姓名（例：NAA04101① 某某某）。

2）文本

学校＋学院＋专业＋短学号＋姓名＋文件名（例：NAA04101 某某某开题报告 .doc）。

3）效果图

学校＋学院＋专业＋短学号＋姓名＋文件名（例：NAA04101 某某某起居室 .jpg）。

4）施工图

学校＋学院＋专业＋短学号＋姓名＋文件名（例：NAA04101 某某某施工图 .dwg 和某某某施工图 .dxf）。

以上文件按文件类型排列。

注：①编号的含义：
N——NBUT 宁波工程学院；
A——Architectural Engineering School 建筑工程学院；
A——Architectural Decoration Design and Construction Engineering 建筑装饰设计与施工专业；
04——04 级；
1——1 班；
01——学号；
各学校应按自己的情况编列。

第 4 章　建筑装饰专业的毕业设计答辩

4.1　毕业设计答辩的形式与功能

4.1.1　毕业设计答辩的形式

毕业设计答辩是由毕业设计答辩委员会围绕毕业设计，对设计者公开审查、检验的一种方式。为激发竞争意识，给优秀学生提供崭露头角、显示才华的机会，杜绝指导教师碍于情面，相互关照的现象，确保毕业设计答辩收到实效。毕业设计答辩可以采用下面几种形式：

（1）分组答辩

将所有答辩学生分为几个小组，进行答辩。由于分组答辩的学生较多，各答辩小组必须统一要求，公平评分，并将答辩评议结果和答辩记录及时上交学院答辩委员会，以便答辩委员会合理协调分组成绩。

（2）争优答辩

争优答辩采取两种形式。一种是前一轮答辩后，选出比较好的毕业设计在全院进行公开的争优答辩；另一种由学生自己申请并经指导教师推荐后在全院参加争优答辩。通过公开答辩、比较，评出名符其实的优秀的毕业设计。

毕业设计评审和毕业答辩要采用回避制。学生的毕业设计完成后由指导教师给定成绩，一并上交学院，由学院指派一名评阅人在不知道指导教师姓名和给定成绩的情况下对毕业设计进行评阅，并给定成绩，如果两者成绩差别过大，则答辩小组可以以评阅人评定的成绩为主作为成绩评定的参考。在答辩过程中，学生不能透露指导教师姓名，该指导教师不担任答辩小组成员并应自觉回避。

4.1.2　毕业设计答辩的功能

（1）学习功能

这是毕业设计答辩的一个重要功能。对学生的毕业设计进行指导和答辩的过程，是一个教学互动和教学相长的过程，对促进教学双方的相互学习和提高，都具有重要作用。对学生来说，既是接受评价考核，更是整个学习过程的一个重要组成部分。通过在教师指导下，从题目的选择，到材料的搜集、整理和运用，再到提纲的拟订、设计的构思和改进，直到参加答辩，都是一次理论基础、科学知识和个人素质的全面学习和飞跃。对教师来说同样是一次学习提高的机会。一方面，教师对学生的指导和教育，也是一次自我学习、提高和教育。另一方面，教师从每个学生的设计中，可以了解和吸收他们的新观点、新思路、新知识，扩展自己的知识面，充实和完善知识结构，为今后提高教学质量打下更扎实的基础。

（2）教育功能

这是毕业设计答辩的一个主要功能。要求学生进行毕业设计并进行答辩，不仅仅简单地作为教学计划中的一项教学内容，更重要的是通过进行毕业设计和答辩，将理论知识的学习渗透到毕业设计的选题、修改和答辩的全过程，使学生的知识结构得到进一步的充实和提高。通过毕业设计答辩，其教育功能主要体现在两个方面：一是可以促使学生对所选课题涉及的理论知识，结合自己的毕业创作进行深入的思考、分析和研究，将理论知识转化为实际能力。二是能够拓宽学生的知识面，促使学生对相关理论知识的研究，培养学生自学能力。

（3）评价功能

这是毕业设计答辩的一个基本功能。学生在完成教学计划规定的课程，经考试、考核成绩全部合格的基础上，还必须进行毕业设计，并通过答辩。这既是考核学习成绩的重要方式，又是巩固和深化学习成果的重要教学环节，更是衡量能否达到教学目标、取得相应学历的重要评价、检验手段。采用毕业设计答辩这种形式，一方面，对学生而言，能检验他们的理论水平、知识水平；检验他们的观察问题、分析问题、运用理论知识解决实际问题的能力，逻辑思维能力以及语言表达能力等。另一方面对学校而言，能检验教师选择的教学方法、手段、形式所得的教学成果。通过两方面的评价和检验，严格把好教学质量的最后一道关口。

4.2 毕业设计答辩的程序与要求

4.2.1 毕业设计答辩的一般程序

毕业设计资格审查通过后，即可进行答辩。答辩由答辩委员会主席主持，答辩委员会小组成员组成。

先由答辩主席介绍答辩学生的自然情况。

（1）自述

答辩开始时，一般先由答辩学生做 5 ~ 10 分钟左右的自述。简要说明毕业设计的意图，课题研究的背景，选用的研究方法，设计解决的主要问题如：设计理念、设计方法、设计亮点、设计方法和设计体会等等。可采取演讲式或宣读式以及演示其电子文本来完成这部分内容。

自述完毕，即可礼貌地请主持答辩委员会小组的专家、教授提问。

（2）问答

问答是指答辩学生就答辩教师所提出的问题一一作答，时间一般为 5 ~ 10 分钟。答辩学生可充分表述自己的学术见解，介绍学术研究成果及其价值，以使答辩教师考察确认毕业设计的真实性和价值。通过问答，促进学术交流，促进论文作者认识的深化。

（3）评议

学生答辩结束后，由答辩小组成员进行评议。评议的内容有：

1）毕业设计选题的意义和难易度。

2）毕业设计资料选择与整合能力。

3）毕业设计综合应用基本理论与基本技能的能力。

4）毕业设计的学术水平与质量。

5）毕业设计的创新点和不足之处。

6）毕业设计规范要求与完成情况。

7）对答辩中所提问题的回答是否充分和语言表达水平。

8）答辩是否认真、态度是否端正。

（4）成绩评定

答辩小组可以根据答辩学生对毕业设计主要内容自述情况和回答答辩小组提问情况，以及对学生毕业设计的评议结果，给定现场答辩成绩。答辩小组成员应不少于5人，各位答辩小组成员给出的成绩加权平均，最终给出答辨成绩。

（5）宣布结果

答辩结束后，答辩教师经过商议，由答辩委员会小组的组长签署答辩是否通过的文件，成绩一般需书面通知答辩学生。

答辩结束后，作者根据答辩中发现的问题，可对毕业设计进行修改、完善，进一步提高自己的学术水平和设计的质量。

4.2.2 毕业设计答辩要求

（1）学生自述的时间要求

由于毕业设计答辩是若干学生相继进行的，因此对学生介绍毕业设计的理念和主要内容的时间控制是相当严格的，答辩学生必须掌握好介绍汇报的时间，以免无法完成全部内容的汇报，影响汇报的结果。在自述时要做到以下几点：

1）内容要正确清晰

自述要体现逻辑性、科学性、理论性。答问要有针对性，避免答非所问。要做到这一点，要做好资料准备和心理准备。

2）语言要流畅自然

在自述及答问时，做到语调自然，发音清楚，言语富有节奏感，手势表情自然大方。

3）态度要虚心诚恳

要谦虚、沉着、冷静、理智，意识到答辩是一次学习的好机会，要有求知的诚恳态度，神态和用语都应谦虚委婉，切忌强词夺理、胡搅蛮缠。

（2）答辩委员提问数量、内容的要求

答辩小组成员提问的数量和范围是有一定限制的。在数量方面，通常为每人1个，在内容方面，则规定要紧扣毕业设计的主题，或者是毕业设计的重要的核心部分，或者是学生注意不够的薄弱环节。

（3）答辩学生回答问题的要求

答辩过程中，答辩学生回答提问，也应该紧紧地围绕毕业设计的主题来说明。因为一般说来，只要毕业设计是学生自己独立完成的，那么对毕业设计的主题、理念和内容，就会比较熟悉。而关于自己毕业设计内容外的东西，就不一定熟悉了。

如果在范围以外回答问题，再把内容引伸出去，可能会“失之毫厘，差之千里”，最终无法回答问题，就会影响答辩的成绩。通常，答辩委员会给答辩学生的答辩方式有两种：一种是即席回答，指的是答辩学生当场回答问题。另一种是逾时回答，允许答辩学生先把问题记录下来，准备约半个小时，再作回答。

4.3 毕业设计答辩的准备

4.3.1 材料准备

（1）写好答辩报告

答辩报告要实现以下几个目标：

1）要明确地阐明选题的意义。

2）要清晰地陈述毕业设计的理念。

3）要突出毕业设计的创新点。

4）要精辟的勾画出毕业设计的整体逻辑构架。

（2）答辩幻灯的制作

1）版面设计素雅、简明，不要太花哨。采用简短的动画模拟、视频、图片展示研究成果过多的字幕动画效果既没有技术含量，且浪费时间，建议慎用。幻灯的页数尽量精简，内容要重点突出，文字不要过多，用一大段话才能说明白的问题，建议最好用图表的形式来说明。

2）第一页　毕业设计题目＋指导教师姓名＋学生姓名＋日期。

3）第二页　汇报要点：1……2……3……4。

4）正文　若干页面，控制在20个页面为宜。

5）倒数第二页　结论＋今后的努力方向。

6）尾页　致谢。

4.3.2 心理准备

（1）准备充足、充满自信

答辩者必须相当熟悉自己的毕业设计，对设计的主题、理念、整体内容甚至注释和参考文献都要有清楚地把握；同时还要仔细审查、反复推敲设计中有无自相矛盾、谬误、片面或模糊不清的地方，如果发现有问题，就要一一补充、修正。答辩时要充满自信，这对答辩的成功与否起着不可估量的作用。

（2）积极消除紧张情绪

不要有侥幸心理，不要怯场。要相信自己，做到从容自信地参加毕业设计答辩。可以提前到达答辩现场，熟悉环境和气氛。只要准备充分，心中有底，就能消除紧张心理。

4.3.3 礼仪准备

礼仪是人类为维系社会正常生活而要求人们共同遵守的最起码的道德规范，它是人们在长期共同生活和相互交往中逐渐形成，并且以风俗、习惯和传统等方式固定下来。对一个人来说，礼仪是一个人的思想道德水平、文化修养、交际能力的外在表现。

对于答辩者而言，良好礼仪体现了人的教养、风度和魅力，还体现出一个人对社会的认知水准、个人学识、修养和价值。如果答辩者能在答辩开始以优雅的仪态和风度体现出自己的形象，就有了一个良好的开端，这样能给答辩委员会成员留下深刻印象。因此，答辩者要仪表大方、举止得体，要注意以下几个方面：

（1）仪表礼仪

1）整洁　整洁的仪表是代表人的精神面貌和文明教养的外观表现。答辩者整洁的仪表，也越易让人接受，给答辩小组成员留下深刻印象。同时保持一个良好的形象，更重要的是为了答辩者自己，使自己在答辩中觉得处于最佳状态。

2）服饰　服饰反映了一个人文化素质之高低，审美情趣之雅俗。具体说来，穿着既要自然得体，协调大方，又要遵守某种约定俗成的规范或原则。服装不但要与自己的具体条件相适应，还必须时刻注意客观环境、场合对人的着装要求。即着装打扮要优先考虑时间、地点和目的三大要素，并努力在穿着打扮的各方面与时间、地点、目的保持协调一致。答辩者的服饰切忌过分花哨华丽。

3）妆容　对于女性而言，选择适当的化妆品和与自己气质、脸型、年龄等特点相符的化妆方法，选择适当的发型来增添自己的魅力。可化一点淡妆，不能浓妆艳抹太夸张。对男性而言，头发应该清洁，梳理整齐，发型不要太怪。胡须要适当的打理，胡须太乱或太长都是不礼貌的表现。

（2）举止礼仪

要塑造良好的交际形象，必须讲究礼貌礼节，为此，就必须注意行为举止。举止礼仪是自我心诚的表现，一个人的外在举止行动可直接表明他的态度。做到彬彬有礼，落落大方，遵守一般的进退礼节，尽量避免各种不礼貌、不文明行为。要不卑不亢，不慌不忙，举止得体，有礼有节。

1）坐姿端正　身体要微往前倾，不要跷“二郎腿”。站立时，上身要稳定，双手安放两侧，不要双手抱在胸前，身子不要侧歪在一边。

2）克服不雅举止　不要当着答辩教师的面做一些不文明或过于随意的动作。

第5章 建筑装饰专业毕业设计的组织与管理

建筑装饰专业毕业设计的组织与管理是一项系统工程，涉及组织机构、管理制度、教风学风、过程管理、质量评估等一系列教学管理活动。

5.1 毕业设计的制度与规范

毕业设计的组织工作是学校所有教学环节中各方重视程度最高、运作时间最长、教学任务最重、过程最复杂、参与者最多的一项教学任务。对于这样的教学活动要组织得有序、有成效，必须建立一套制度与规范。

5.1.1 领导机构

（1）校（学院）、系（分院）、专业教研室三级都要建立相关机构，确保领导力的畅通。其中校（学院）负责宏观管理，制定相关规定和制度、进行监督检查。系（分院）负责建立本单位毕业设计工作领导小组，负责本单位所有专业的毕业设计管理工作。各专业以本专业教研室为基础，设立毕业设计执行班子，根据学生人数可设立若干个答辩小组。

（2）系（分院）毕业设计工作领导小组人数为 8 人左右。其中设主任 1 名，原则上由学院院长或副院长担任；副主任 1 ～ 2 名，一般由主管教学副院长或教研室主任担任；成员 5 ～ 6 名，一般由教研室主任、副主任、学科骨干教师或外聘专家组成；工作领导小组成员的职称要求在副高以上。答辩小组成员的职称要求在中级以上。

5.1.2 计划进程

毕业设计进程计划应按专业培养计划执行，毕业设计包括毕业实习的时间应不少于半年。考虑到学生在最后一个学期面临生产实习、找工作等实际情况，毕业设计的选题、开题报告等工作可提前进行，一般在第 5 学期的期中之后进行为宜，这样有利于教师的指导，以保证毕业设计的质量。

5.1.3 程序和标准

建筑装饰专业毕业设计的工作程序在本书第 1 章已经有了详细的表述。

专业教研室根据工作程序要制定相关的工作条例。具体而言，每一个工作程序都应有一个规范和标准。以宁波工程学院建筑装饰设计与施工专业为例，他们制定了五个系列的规程，规范毕业设计中遇到的各项问题。这 5 个系列规范为：

NAA4321R00-01 建筑装饰设计与施工专业毕业设计工作表单目录

NAA4321R01 建筑装饰设计与施工专业毕业设计工作规范

NAA4321R02 建筑装饰设计与施工专业毕业设计文件制作规范

NAA4321R03 建筑装饰设计与施工专业毕业设计教研室工作表单

NAA4321R04 建筑装饰设计与施工专业毕业设计教师工作表单

NAA4321R05 建筑装饰设计与施工专业毕业设计学生工作表单

以其中 NAA4321R01 为例，共有 17 个工作规范，对毕业设计工作中会遇到的问题如何处理制定了工作规程。如：

NAA4321R01 建筑装饰设计与施工专业毕业设计工作规范

NAA4321R01—01 毕业设计准备工作要求

NAA4321R01—02 毕业设计动员规程

NAA4321R01—03 毕业设计师生比规范

NAA4321R01—04 学生与指导教师互选规范

NAA4321R01—05 选题操作规程

NAA4321R01—06 选题撞车处理规范

NAA4321R01—07 违章处理制度

NAA4321R01—08 需要指导教师集体讨论决定的事项

NAA4321R01—09 毕业设计指导审查办法

NAA4321R01—10 毕业设计评分办法

NAA4321R01—11 推优制度

NAA4321R01—12 答辩顺序产生办法

NAA4321R01—13 毕业答辩资格审查规范

NAA4321R01—14 毕业答辩组织规范

NAA4321R01—15 答辩小组组成办法

NAA4321R01—16 毕业设计工作班子组成办法和具体职责

NAA4321R01—17 毕业设计工作总结要点

其他，如各类设计的规范要求、各类设计文件的写作标准、评分成绩构成和评分要素、教师评语的写作要求、答复学生的时限规定、质量评估指标等也都有相应的规范。各学校可以根据自己的情况和特点分别制定符合自己的工作标准。

5.1.4 教师资格与师生比

各地对指导毕业设计的教师资格都有相应的规定，如浙江省对指导教师的职称、指导学生人数作出了明确规定：“指导教师必须由讲师或相当职称以上有经验的教师、工程技术人员担任。每位指导教师所指导的学生人数，本科学校原则上不超过 8 人，高职高专学校原则上不超过 10 人。高级职称的教师师生比 1：8 ～ 10，中级职称的师生比 1：6 ～ 8。硕士研究生学历的助教可以协助中高级教师指导学生 2 ～ 4 名。各高校要注重从校外引进毕业设计（论文）指导教师作为补充力量，形成以校内教师为主体、校内外教师共同组成的指导教师队伍。”这个规定出自《浙江省教育厅关于加强普通高等学校毕业设计（论文）工作的通知》（浙教高教[2004]137 号）文件。

根据各地的规定，考虑到高职高专各校的实际情况，对以下 3 种特殊情况可做如下处理：

1）当教师指导多个专业时，指导的学生总数容许超过规定人数，但同一专业不得超过规定学生人数。

2）当某个专业出现学生多、指导教师少的情况时，可以考虑聘请校外专家和科技人员参加毕业设计的指导工作，但必须有学院教师参加联系和指导。

3）当某个专业出现符合职称条件的专业教师人数不足时，助教可以进行毕业设计的指导工作，但必须有同专业或跨专业的讲师或相当职称以上教师把关，具体指导工作由助教完成，在下达任务书、评语等所有填写项目上，必须有参与教师和助教共同签名。

5.2 毕业设计参与者的任务与职责

明确任务和职责是做好毕业设计工作的前提。

5.2.1 任务

为了最终完成学生的毕业设计工作，学校、分院、专业教研室、教师、学生各自有各自的任务需要完成，具体任务在第1章毕业设计程序中已有详细的表述。这些程序如果转换成具体任务，专业教研室、教师、学生分别应该完成相应的任务。以宁波工程学院为例，毕业设计参与各方应完成下列任务，见表5–1～表5–3。

专业教研室应该完成的文件（案例）　　表5–1

表格编号	教研室完成
NAA4321R03–01	毕业设计工作计划
NAA4321R03–02	毕业设计大纲
NAA4321R03–03	毕业设计通用任务书
NAA4321R03–04	毕业设计个性任务书
NAA4321R03–05	毕业设计指导书
NAA4321R03–06	毕业设计工作规范
NAA4321R03–07	选题准备类文本写作技术规范
NAA4321R03–08	集体讨论记录表
NAA4321R03–09	毕业设计作品存档目录
NAA4321R03–10	文字材料模板一套
NAA4321R03–11	封面模板一套
NAA4321R03–12	图纸模板一套
NAA4321R03–13	展板模板一套
NAA4321R03–14	毕业设计成果登记表
NAA4321R03–15	毕业答辩安排表
NAA4321R03–16	毕业设计评分标准
NAA4321R03–17	答辩委员会评语表
NAA4321R03–18	指导教师职责
NAA4321R03–19	毕业设计工作考核大纲
NAA4321R03–20	毕业设计工作总结大纲

教师应该完成的文件（案例）　　　　表 5–2

表格编号	教师应完成的工作内容
NAA4321R04–01	毕业设计具体任务书
NAA4321R04–02	所指导学生选题汇总表
NAA4321R04–03	选题汇总表
NAA4321R04–04	毕业设计六个关键阶段检查表
NAA4321R04–05	指导教师手册
NAA4321R04–06	教师学生交流登记册
NAA4321R04–07	毕业答辩记录
NAA4321R04–08	毕业答辩成绩表
NAA4321R04–09	指导教师评价表
NAA4321R04–10	评议教师评语表
NAA4321R04–11	毕业设计成绩汇总表
NAA4321R04–12	毕业设计作品年册
NAA4321R04–13	优秀毕业设计推荐表
NAA4321R04–14	推荐讨论记录表

学生应该完成的文件（案例）　　　　表 5–3

表格编号	学生完成
NAA4321R05–01	安全教育确认表
NAA4321R05–02	任务确认表
NAA4321R05–03	学生毕业设计守则
NAA4321R05–04	毕业设计选题申请书模板
NAA4321R05–05	文献综述模板
NAA4321R05–06	开题报告模板
NAA4321R05–07	毕业设计六个关键阶段检查表
NAA4321R05–08	作品文本模板
NAA4321R05–09	作品展板模板
NAA4321R05–10	毕业设计作品年册内页模板
NAA4321R05–11	毕业答辩申请表
NAA4321R05–12	毕业答辩大纲（打印稿）
NAA4321R05–13	毕业答辩演示作品（ppt）
NAA4321R05–14	关于毕业设计著作权的归属声明
NAA4321R05–15	对毕业设计作品原创性的承诺

5.2.2 职责

这里重点谈微观层面参与者的职责。

（1）专业教研室负责人的职责

1）具体负责本专业毕业设计的领导和实施。

2）主持制定专业毕业设计计划和全套毕业设计指导文件。

3）组织毕业设计规章制度学习。

4）负责指导教师工作任务的分配。

5）进行毕业设计动员、安全教育。

6）主持教研室会议讨论毕业设计各阶段中出现的问题和解决的办法。

7）向上级领导小组汇报选题、文献综述、开题报告情况。

8）签署选题毕业设计任务书、选题批准书、开题报告、答辩成绩单等各类毕业设计文件。

9）主持组织毕业设计展览设计及布展工作，邀请有关人士参加开幕仪式。

10）主持本专业毕业设计答辩工作。

11）进行毕业设计总结。

12）检查毕业设计档案提交存档情况。

13）推荐校级优秀设计，组织参加全国比赛准备。

（2）指导教师职责

1）指导教师在指导毕业设计过程中，要本着以教书育人为宗旨，要引导学生养成开拓创新的思维方法、严谨踏实的治学态度，还要培养学生自主独立的工作习惯。

2）指导教师在指导学生毕业设计过程中，既要在关键问题上做好把关与导向工作，又要发挥学生的主观能动性，提高学生独立研究独立设计的能力。

3）指导教师应对学生的毕业设计与答辩进行全程指导。指导教师的指导、答疑不得少于6次，并要有具体指导、答疑内容和书面记录材料。指导教师应合理控制毕业设计的进度和质量，及时解答学生在毕业设计中遇到的问题。特别要抓住关键环节对学生进行重点指导。具体工作有：

A. 下达任务书和毕业设计指导书；

B. 会同学生确定毕业设计选题；

C. 指导学生查阅、检索相关文献并指导文献综述的写作；

D. 指导并批准学生的开题报告；

E. 指导并修改各个阶段的设计，指出其存在的设计缺陷和不足，提出修改意见，按规范完成全部设计文件；

F. 指导学生准备毕业设计答辩；

G. 对被指导学生的设计进行评价，并提出给分及评价建议；

H. 指导学生整理毕业设计档案；

I. 指导学生参加各类各级毕业设计竞赛。

4）指导教师要认真考察学生在撰写毕业设计时的工作态度，出勤和纪律状况等。有情况要及时向系里报告，并作为毕业设计结束时评定成绩的参考依据。

5）指导教师在对学生进行毕业设计期间的业务能力给出综合评价，对毕业设计写出评估，评定成绩，并参加毕业设计答辩。但对自己指导的学生答辩和评分应按规定执行回避制度。

6）参与毕业设计的准备和总结工作，尤其需要承担毕业设计相关文件的写作、汇总、分析、总结，参与毕业设计展览、作品汇编的设计和组织工作。

(3) 学生守则

1) 学生应明确毕业设计工作的重要性，牢牢把握这一实践环节和综合训练的机会，努力提高自己的创意设计水平和工程现场实际控制的能力。

2) 学生应在指导教师的指导下，根据设计任务书的要求做好选题、开题等准备工作，制定好详细的工作计划，并严格执行。

3) 确定毕业设计题目之后，收集有参考价值的文献资料，认真进行各项调研，进行分析研究作出有质量的文献综述和开题报告，各项开题文件必须符合撰写要求和写作规范。

4) 尊敬师长，尊敬客户，尊敬实习单位的员工，虚心接受指导，定期汇报进度和设想。在毕业设计的工程中要认真填写"毕业设计进度卡"并请指导教师签名。

5) 要刻苦钻研，勇于创新，保质、保量完成各项设计任务和答辩任务，用出色的成绩回报社会、学校、教师、家长。

6) 尊重知识产权，尊重他人劳动，引用他人成果必须注明出处。毕业设计严禁抄袭、拷贝、弄虚作假。如有发生，情节严重的成绩按零分计，除此之外，还要接受学生守则相关条款的处分。

7) 毕业设计期间，要爱惜实习单位和学校的财物，爱护仪器设备，严格遵守各项操作规程，严格遵守各项规章制度。

8) 加强安全意识，警惕各类骗局，加强自身防范。

9) 严格要求自己，严格遵守纪律，认真处理好毕业设计与实习、就业等事务的关系。不无故缺席教师答疑指导，缺席1/3者取消答辩资格，成绩按不及格论处。

5.3 毕业设计进程与效果的控制

为了解决毕业设计中出现的一些问题，必须有一套行之有效的工作方法对毕业设计进行全程控制。各个学校都有自己的经验和做法。这里将宁波工程学院建筑装饰教学部经过几年实践总结出的一套做法作为案例与大家分享，供大家参考借鉴。

■ 实践案例

建筑装饰专业毕业设计指导"4321工作法"创建与实践

一、毕业设计指导的意义

毕业设计的效果是个权威的指标，它能集中体现学校专业教学理念先进与否、办学水平高低与否、人才培养模式的得当与否，同时它还能折射出教师的教学效果好坏、学生的学习能效高低。总之，通过毕业设计检验并反思师生双方教与学的成败得失。如果毕业设计能够取得好的成效，就可以证明学校的教学改革是成功的，办学水平是高的。

毕业设计是学生在学校阶段最重要的一个设计实践，在这个实践中要学会综合运用在校学到的知识，结合时代和社会的需求，把最有亮点的特质展现出来——就艺术设计的学生而言，设计创意能力和设计表达能力无疑就是最亮的亮点。因此，毕业设计是一个激发学生创意能力和表现能力的最好载体。

在毕业设计阶段，学生虽然已经有了一定的知识和能力，有了创意的冲动，但并不意味着他们能够把这些特质充分地表达出来。因此，指导学生毕业设计的工作就显得格外重要。它是整个学校教学环节中一项意义重大、效果明显、过程关键的工作。对这项工作组织得法、措施得当、指导有方、控制有度、就能够有效提升学生毕业设计的质量，点燃学生创意的火花，把学生最想表现的亮点表现出来。所以，必须设计出一套行之有效的工作方法，对毕业设计进行全程控制。

二、建筑装饰毕业设计指导“4321工作法”的内容

（一）“四抓”

毕业设计要求高，任务重，头绪多。学生第一次面临大型的综合设计，许多设计文件也是第一次接触，自然会产生无从下手，无处着力的感觉。教师在指导毕业设计的时候也面临以一对多，学生分散，联系不便、沟通不畅等问题，容易产生顾此失彼的现象。为了解决这些问题自然需要一些抓手。

1.抓准备

准备是基础，准备必须扎实有效。准备可以从以下四个方面入手：

(1) 实习准备——毕业班学生全部到公司顶岗，争取带薪实习，通过实习获得经验。

(2) 题目准备——所有学生在实习公司获得有价值的设计题目。

(3) 调研准备——在实习阶段为拟用的选题进行市场调研，进行比较性研究。

(4) 文献准备——寻找最合适的参考文献，准备足够的理论基础。

2.抓选题

选题是龙头，选题好了，设计才会受到关注。选题必须坚持以下三项原则：

(1) 选题必须是当今社会的时尚潮流和业主最关心的问题。

(2) 选题必须符合学业的深度，达到培养目标的要求。

(3) 选题必须在专业上有新意，有一定的学术价值。

3.抓创新

创新是核心，没有创新设计就失去了价值。创新可以从以下三方面切入：

(1) 理念创新——设计理念必须先进。理念是纲，纲举目张，思想无禁区，创意无限，追求无限。

(2) 效果创新——理念通过效果来体现，效果必须精益求精。

(3) 形式创新——形式统一，格式美观，视觉上必须有冲击力。

4. 抓规范

规范是保障，上级领导部门对毕业设计要求规范性很高，文本格式、文件形式、过程记录等头绪纷繁，因此对各种设计文件的形式、规格、质量、外观以及答辩环节、交流频度、评价方法、评分标准等都要制定统一的标准规范。有了规范毕业设计就会形成整体感，便于师生操作。

(1) 要设计一套具体的毕业设计指导规范文件，对每个环节的要求、方法进行标准化指导。

(2) 要设计一套有本专业特点的文件规范模板，学生可以按模板提示的方式进行操作，这样学生可以把注意力集中到创意和表达上，不必为格式的统一而花费精力。

(3) 要设计一套交流监控制度，对师生的交流次数、频度、深度作出规定，并严格执行。

（二）“三控制”

学生在毕业设计时普遍存在着前松后紧，前拖后赶，与指导教师的交流不积极的现象。有的到最后还要重新修改选题，调整理念。临近截稿的时间发现还有很多活要干，于是通宵达旦，紧追快赶。没有时间的均衡投入，质量方面就会放松。在答辩环节，普遍存在紧张无措、词不达意的现象。为了解决这些问题，可以从三方面进行控制：

1. 采用“师生互签确认法”控制毕业设计进程及质量

学生有“毕业设计进程完成表”，表内记载了他们自己订列的进度计划和完成情况，在每个阶段的任务完成之后，提请教师进行指导，由教师在表上签名确认。教师有“毕业设计进程控制表”，对学生每个阶段的任务完成情况、存在问题、改进意见进行记录，由学生签字确认。这样学生和教师对毕业设计的进程、完成情况、存在问题、修改意见都非常清楚。每个阶段的任务都有完成时间的要求和质量的要求，以此保证毕业设计的进度和质量。

2. 采用“关键点控制法”控制毕业设计重点环节

在毕业设计的12个环节中确定题目选定、开题报告、设计理念、效果图、施工图、设计表达6个重点环节，每个环节确定重点检查内容，发现共性问题，指导教师进行集体会商，提出解决办法。

3. 采用“视觉提示法”控制毕业答辩效果

以PPT等多媒体形式制作毕业设计答辩提纲，使答辩的重点突出，叙述清晰。这种视觉提示法可以让学生精心提炼毕业设计成果，进行答辩预演，解决了大部分学生表达困难的难题。

（三）“二促进”

成绩和成效不等于成果。成果不会自动产生，对它的形成必须有目的、有步骤地进行促进和转化，同时必须通过有效的途径对其进行认可。

1. 促进成果形成和转化——成果只有转化才有价值。

2. 促进成果的权威认可——办学效果社会检验，社会承认才有价值。办学水平高低由用人单位和权威机构鉴定后方可生效。

（四）“一打造”

打造专业建设品牌。有了品牌，在学校声誉、学科建设、专业建设、学校招生、学生就业等方面都会带来极大的好处。品牌建设是渐进的、持续的、长期的，因此对品牌建设必须高度重视，在办学理念和办学细节的方方面面必须精益求精，持续不断，一以贯之，终身打造。

三、“4321”工作法的实践

在创立了“4321”工作法的同时，我们在本校建筑装饰专业02、03级学生的毕业设计中进行了实践，取得了如下成效：

（一）标准建设与成果形成

1. 出台了一批指导文件和工作标准。

如“毕业设计选题的基本原则”、“毕业设计选题的方式”、“毕业设计任务书内容和要求”、“毕业设计文献综述材料收集与写作要求”、“师生互签确认表”、“关键点控制表”、“毕业设计评分标准”、“毕业答辩要求”、“毕业答辩演示文档的制作要求”等，逐步形成一批指导毕业设计的规范性文件。其中有些已经成为毕业设计实践教材的基础材料。在2007年10月“教指委”在南京召开的教材工作会议上我校介绍的“毕业设计指导4321工作法”受到专指委专家的认可。专家们建议以此为基础编著本专业全国第一本毕业设计实践指导教材，在全国推广。

2. 毕业设计题目全部来自社会。

两届毕业设计95%的毕业设计被装饰公司采用，被用户确认。毕业设计的教学成果实现了社会转化。

3. 学生的创新能力得到了切实的提高。

每届学生中均培养出“明星学生”。02级的陈卓同学工作语言是英语，韩语流畅，略懂日语，毕业设计全英文表述，他在大二就担任我市著名房产策划企业的设计总监助理、设计采购部长的职务。在校期间就设计了许多有影响的楼盘样板房，拿6000元的月薪，外加可观的年终分红。03级的胡杰和黄俊同学在首届建筑类毕业设计作品比赛中一举夺得一等奖和二等奖。除此之外，还培养出一大批具有实战能力的学生设计师。宁波晚报2005年6月2日以“装修热，催生一批‘学生装修师’”为题报道我校学生在校期间的设计业绩，像时代华庭、清泉花园、丽园尚都、江厦银座、市房交会展厅等一些在宁波颇有美誉的售楼厅及样板房，都出自我们学生装修师之手。两届学生很多在毕业前就有了带薪的工作，受到用人单位的欢迎。

（二）水平确认

1. 办学成果被社会承认

学生的设计既为社会创造了价值，也为学生自己创造了价值。由此也实现了教师的工作价值和学校的办学价值。为实际应用，产生实际价值。

2. 办学经验得到推广

目前以我校刘超英为第一作者的《建筑装饰专业毕业设计指导书》已经被批准成为建设部“十一五”部级规划教材和“教指委”推荐教材。中国建筑工业出版社已列入出版计划并在2008年初正式出版。

3. 作品展览引起关注

2005年7月举办首届装饰专业毕业设计展览，在校内引起轰动，高校长亲自剪彩，激励参展学子。用人单位参观，当场录用学生。宁波晚报和中国宁波网进行了专题报道。

4. 设计大赛屡屡获奖

2006年7月03级7名学生在专业指导委员会组织的全国首届毕设计竞赛中获1金1银2铜3优秀的好成绩。宁波日报和中国宁波网进行了报道。3名学生在2006“箭牌杯”卫浴空间大赛中获奖，十多家专业网站进行了报道。

（三）品牌建设

我校建筑装饰专业从办学之初就有意识地打造办学品牌。在2003年我们就提出了明确的办学理念：“创意无限，追求无限。”把永无止境的创意和永无止境的追求作为激励师生不断进取的精神动力。尤其是想通过毕业设计环节，进一步凸显我们的办学效果，以此打造我校建筑装饰专业的办学品牌。我校的建筑装饰专业虽然办学时间不长，但在全校上下的共同努力下，发展势头良好，品牌效应开始初步显现。其标志有六项：

1. 两名教师进入土建类两个分专业指导委员会，参与制定全国建筑装饰专业等7个专业的办学标准；

2. 三本教材成为建设部“十一五”部级规划教材和专指委推荐教材；

3. 两届毕业生中均培养出耀眼的学生明星和一大批设计能力强的学生设计师；

4. 两年来在强手林立的全国设计竞赛中获奖，其中2006年专指委举办的全国建筑类专业首届毕业设计作品比赛中是我市10大高校中惟一获7项大奖的单位；也是参赛学校中名列前茅的学校；

5. 两年来办学成效屡屡见诸各类权威媒体，其中有我市的党报《宁波日报》、我市发行量最大的报纸《宁波晚报》、我市的权威电子媒体《中国宁波网》，以及省教育厅主办的《教育信息报》、房产装饰行业知名网站《焦点网》等十几家网站都陆续报道我校装饰专业的办学成绩，影响逐步扩大，品牌效应开始形成；

6. 事关我校生存的招生和就业上本专业形势喜人。

四、结论

毕业设计指导“4321工作法”经过宁波工程学院两届学生的实践证明：它是提升毕业设计效果行之有效的工作方法。

5.4 毕业设计评分标准和成绩评价

5.4.1 建筑装饰专业毕业设计成绩的构成

建筑装饰专业毕业设计的总体评价由三个部分构成：

1）指导教师对毕业设计文件的评价

2）评阅教师对毕业设计文件的评价

3）毕业设计答辩环节答辩小组对答辩成绩的评价

5.4.2 指导教师的评价

指导教师评价是基础。因为指导教师自始至终指导着学生的毕业设计，对学生在毕业设计过程中出现的问题，取得的进步以及设计项目的背景等有深刻的了解，所以他的评价应该是比较结合实际、比较中肯的。对指导教师而言，他的评价一定要具体、客观、明确，尤其是对以下内容：

1）学生的毕业设计是否达到毕业设计任务书的要求，是否符合本专业毕业设计要求（资料搜集处理能力、研究能力、文字表达能力、图表质量和写作规范）；有何特点。

2）对基本知识、基本理论、基本技能掌握和运用的程度；选题是否具有理论、现实意义；资料是否翔实，论点是否正确，论据是否有说服力；文章结构是否合理有逻辑性，文字表达是否准确、流畅；是否有创新。

3）毕业设计撰写态度是否端正，是否按时完成各阶段工作。

4）毕业设计存在的不足之处。

5）对毕业设计的成绩建议。

指导教师的成绩评定应从以下8个方面综合考虑：题目的实用价值、资料选择与整合能力、综合应用基本理论与基本技能的能力、学术水平、文字表述与图表质量、实际动手能力、规范要求情况、毕业设计的撰写态度。

但指导教师由于和被指导的学生关系密切而不免带有感情色彩，加之学生的成绩也关系到指导教师的指导效果，所以指导教师的评语有可能会出项偏颇，因此指导教师的评价只能代表其个人的意见，而不能作为最后的评价。

5.4.3 评阅教师的评价

评阅教师一般是本专业的教师或是上级主管部门的领导专家。他从第三方的角度对不相关的学生的毕业设计进行客观的评价。这个评价也是总成绩的一个组成部分。评阅教师的评语内容有：

1）毕业设计选题的意义和难易度；

2）毕业设计资料选择与整合能力；

3）毕业设计综合应用基本理论与基本技能的能力；

4）毕业设计的学术水平与质量；

5）毕业设计文字表述与图表质量；

6）毕业设计规范要求与完成情况；

评阅教师还应明确指出毕业设计的创新点及不足之处。

5.4.4 答辩小组的评语内容

答辩小组对学生的答辩情况从下列 6 个方面作出评价：

1）毕业设计选题的意义和难易度；

2）毕业设计的学术水平与质量；

3）毕业设计综合应用基本理论与基本技能的能力；

4）毕业设计在立题、阐述过程和所涉及知识方面是否符合本专业毕业设计要求；

5）对答辩中所提问题的回答是否充分和语言表达水平的高低；

6）答辩是否认真、态度是否端正。

指导教师要回避自己指导的学生，确保评价的公平、公正。

5.4.5 成绩评定

最终总成绩由指导教师、评阅教师和现场答辩三部分综合组成。指导教师一般占总成绩的 40%，评阅教师一般占总成绩的 20%，现场答辩一般占总成绩的 40%。

最终成绩可分为：优秀（相当于百分制 90 分以上）、良好（相当于百分制 80 ～ 89 分）、中等（相当于百分制 70 ～ 79 分）、及格（相当于百分制 60 ～ 69 分）、不及格（相当于百分制 59 分以下）5 个等级。为折算成绩，指导教师、评阅教师和现场答辩成绩应采用百分制；指导教师、评阅教师和现场答辩的评分分值应根据上述各自评语项目按一定比例进行；各学院的评分分值所占比例应统一标准。考虑到各专业的差异性，学校不作统一标准，各学院可参考各地教育厅毕业设计（论文）抽查的成绩评定项目及所占分值自定。

各专业成绩应呈正态分布，一般情况下优秀占 15%，良好占 45% 左右，中等占 25% 左右，及格和不及格共占 15% 左右。对于没有完成毕业设计（论文）任务或有弄虚作假、抄袭行为者，应给予不及格成绩。

5.4.6 成绩评价的流程

现场答辩包括学生对毕业设计主要内容的自述和回答答辩小组提问两部分。答辩小组人员应不少于 3 人，答辩小组人员不得参与自身指导学生的答辩工作。

首先，指导教师根据学生毕业设计中的表现和毕业文本质量写出评语、建议与评定成绩，交答辩委员会（小组）审查，决定其答辩资格。评阅教师审阅学生毕业设计文本，并写出评语及评定成绩。答辩委员会（小组）审阅毕业设计文本后，根据学生答辩情况给出评语和答辩成绩，成绩是答辩委员会（小组）成员所给成绩的平均成绩。学生毕业设计的成绩则由三方面按一定比例构成来最终确定。

5.4.7 毕业设计评分标准

具体的评分标准见毕业设计评分标准表（表 5–4）。

毕业设计评分标准表 **表 5–4**

项目及权重	优秀（≥ 90）	良好（80 ~ 89）	中等（70 ~ 79）	及格（60 ~ 69）	不及格（< 60）
	参考标准	参考标准	参考标准	参考标准	参考标准
文献综述 10%	能够针对所研究的课题进行详实的文献资料收集，参考文献质量很高，并认真地写出三千字以上的文献综述	能够针对研究课题进行必要的文献资料收集，参考文献质量较高，并认真地写出三千字以上的文献综述	对所研究课题进行一般性的文献收集，参考文献质量尚可，并写出三千字以上文献综述	能够对研究课题进行文献资料收集，但针对性不强，写出三千字以上文献综述	没有进行文献资料的收集，或者收集资料不对题。没有写出三千字以上文献资料
选题与开题报告 20%	选题符合毕业设计要求，题目质量要求高，对装饰设计行业有一定的现实意义和实用价值，设计方案对本选题有充分的认识和准备	选题符合毕业设计要求，题目质量要求较高，设计方案对本课题的展开有较好的认识和准备	选题符合毕业设计要求，题目质量要求合适，设计方案对本课题的展开有必要的认识和准备	选题符合毕业设计要求，题目质量要求尚可，对本课题展开有一般的认识和准备	选题不符合毕业设计要求，设计方案不可行
设计理念与创意能力 10%	设计理念新颖，创意能力突出，有很高的理论水平和开阔的设计视域、对选题有充分的认识和准备	设计理念新颖，创意能力较强，理论修养水平较高设计视域开阔，对选题有很好的认识和准备	设计理念明确有一定的创意能力和理论水平，设计视域较宽，对选题有一定的认识和准备	设计理念一般或者陈旧，创意能力不突出，理论水平不高，设计视域不宽，对选题的认识和准备一般	无设计理念，无创意能力体现，理论水平肤浅，对选题的认识和准备不够
方案设计 20%	有独到的创新意识，设计思路清晰，表达完整，结构正确，空间布置合理科学，制图详细规范，图文精彩，有较高的学术水平或较大的实有价值	设计思路清晰，有一定的创新意识，表达完整，结构正确，空间布置合理，制图详细规范，图文质量较好，对本课题的分析表现有一定的深度，有一定的学术水平或实用价值	可以针对课题解决问题，空间布置符合要求，图文质量尚可，设计与选题内容相一致	设计思路零乱，基本可以按要求进行装饰设计工作，错误较多，图文质量一般，设计与选题内容相一致	设计能力较差，无法针对课题进行设计工作。设计有重大缺陷，设计与选题内容不一致
文本及展板质量 10%	文本悦目，装帧精美，文本结构严谨，论述层次清晰，图文质量设计程序精彩，结构严谨科学，文字表达通顺、生动，文本符合规范化要求，PPT 展示效果好，展板精致	文本悦目，装帧精美，文本结构合理，论述层次分明，设计程序规范科学，图文质量较好，文字表达通顺，文本符合规范化要求，PPT 展示效果较好，展板精致	文本及装帧较好，文本结构基本合理，论述层次比较清晰，设计规范，图文质量尚可，文本符合规范化要求，PPT 展示效果尚可，展板美观	文本及装帧一般，文本结构基本合理，论述基本清晰，设计质量一般，图文效果一般，文本基本符合规范化要求，PPT 效果展示一般，展板效果一般	文本及装帧粗糙，文本结构混乱，文不对题，设计有重大缺陷，或者达不到设计要求，文本不符合规范化要求，无 PPT 展示或效果很差，展板效果很差
答辩情况 20%	答辩准备充分，答辩礼貌，熟练演示 PPT，能简明扼要地阐述文本内容，能准确流利地回答各种问题	答辩准备充分，答辩礼貌，熟练演示 PPT，能比较流利、清晰地阐述文本主要内容，能较恰当地回答与论文有关的问题	答辩准备较好，答辩礼貌，熟练演示 PPT，能叙述出文本的主要内容，对提出的主要问题一般能回答，无原则错误	答辩准备一般，答辩礼貌一般，可以演示 PPT，能阐明自己的基本观点，答辩错误经提示后能做出补充说明或进行纠正	答辩准备不充分，答辩礼貌较差，PPT 演示不好，不能阐明自己的基本观念，主要问题答不出或错误较多，经提示后仍不能正确回答有关问题
学习态度 10%	学习态度认真，严格保证设计时间并按任务书中的规定进度开展各项工作	学习态度比较认真，能按期圆满完成任务书规定的任务	学习态度良好，基本保证设计时间，按期完成各项工作	学习态度尚可，在指导老师帮助下按期完成任务	学习态度不好，不能保证设计时间和进度

5.5 毕业设计教学质量评估

5.5.1 评估原则

对毕业设计教学质量评估，有助于提高毕业设计与教学的水平，评估教学质量的指标体系应体现如下一些原则：

（1）导向性原则

通过指标体系的确定使评估对象明确价值导向，使其了解哪些教学活动是提倡的。

（2）专业性原则

针对建筑装饰专业毕业设计的特殊规律，建立起既符合该专业教学特点又符合一般教学质量标准的评估体系。使装饰专业毕业设计的质量评估更加规范化、标准化，减少人为因素影响。

（3）诊断性原则

通过对毕业设计教学质量的评估，发现在毕业设计过程中出现的问题并且查找原因，对症下药。确保毕业设计的质量，提高毕业设计的教学水平。

（4）奖罚原则

通过对毕业设计教学质量的评估，起到鼓励先进，督促后进，惩罚落后的作用，以奖罚机制来调动各方面的积极性。

评估指标的设计要尽可能全面合理，要通过评估体系的建设来保证并且提升毕业设计教学质量和水平。

5.5.2 毕业设计教学质量评估内容

建筑装饰毕业设计教学质量评估包括三个部分，学生的毕业设计、指导教师的指导和院系管理。

（1）建筑装饰专业毕业设计评估内容（表 5–5）

（2）指导教师教学质量评估内容（表 5–6）

（3）院（系）管理质量评估（表 5–7）

建筑装饰专业毕业设计评估内容表　　　　表 5–5

评估要素	内　容
选题评估	该题目是否符合毕业设计深度要求，是否对装饰设计行业有一定的现实意义和实用价值
理论水平评估	综合运用本专业的基本知识理论进行合理、科学分析的能力，收集资料文献的丰富性，针对性和合理性，设计理念与创新能力以及设计方案的专业性和达到的学术水平
设计能力评估	综合运用所学各项技能进行设计的能力，设计方案的执行情况及设计理念表达能力，毕业设计达到的专业水平
写作水平及规范要求评估	文本结构是否严谨，文字表达是否通顺，图表创作是否优美精确，格式是否规范（如封面、摘要、关键词、目录、参考文献等）是否符合标准，相关材料（如任务书、开题报告、文献综述、答辩记录、评语和评分等等是否齐全）

指导教师教学质量评估内容表　　表 5–6

评估要素	内　　容
选题指导评估	该选题指导是否符合毕业设计深度要求，该选题的依据和研究意义的指导情况
开题报告指导评估	对学生毕业设计开题报告的写法，毕业设计题目的选取，文献收集，毕业设计方案的格式要求等的指导情况，督促学生确定题目，准时提交开题报告
指导过程评估	对指导教师巡查毕业设计进展情况的评估内容包括：课题基本概况指导，针对原始图纸而展开的设计步骤、方法、措施及图表表现的指导情况。一般分为初步设计指导和深化设计指导两个阶段
文本与答辩指导评估	指导学生文本写作情况的评估，包括（如封面、摘要、关键词、目录、参考文献等是否符合标准，指导学生进行答辩的情况
有关材料评估	有关材料包括：指导教师指导任务书，指导毕业设计各环节的记录，对学生纪律检查情况记录，答辩情况以及指导学生的评语、评分情况，指导教师的工作态度和方法

院（系）管理质量评估表　　表 5–7

评估要素	内　　容
队伍建设	包括指导教师的资格，职称结构、学历结构和年龄结构，指导教师的科研情况，以及答辩委员会（小组）人员结构等
毕业设计组织机构	学院和系（教研室）是否按时或在答辩委员会（小组），领导与管理职责是否明确
规章制度建设评估	包括毕业设计管理的组织制度、规章纪律的建设与执行情况。文档管理是否有专人负责，并建档，资料是否齐全等
管理情况	毕业设计教学环节的管理包括三个阶段。选题、开题报告阶段，方案执行与设计阶段，文本能作好答辩阶段。对院系在毕业设计各环节的管理情况进行评估

5.5.3 毕业设计教学质量评估方式

毕业设计教学质量评估方式有多种类型。一般可以分成学校（学院）自我评估和外部专家评估两种方式。学校（或者学院）以普查评估为主，而外部专家则是以抽查评分为主。毕业设计教学质量的评估要因时因地，根据需要和可能条件来决定。要把查评和抽查两种评估方式组合起来进行。

（1）学校（或者学院）自我评估

学院要根据学校要求成立自评小组。认真收集、整理毕业设计各种材料。如：毕业设计本文、文献综述、任务书、开题报告、评阅成绩与评估、评分、答辩记录以及毕业设计管理工作的各种材料等。学院评估小组要以后来对照学校制定的评估指标体系来开展工作，评定等级，撰写自评报告。自评报告内容包括：自评工作进行方式，各项评估指标的自评等级，主要成绩与特色，存在的主要问题及整改措施等。

（2）外部专家评估

为了保证毕业设计质量，学校也应成立外部专家小组对毕业设计进行评估。内容包括：专家成员的资格和专业组成结构。专家组成员应是教学经验丰富，学术适较高，热心教学建设的教师，工程技术人员和教学管理人员，并且具有副高以上职称。专家组在评估中，要根据学校制定的毕业设计评估指标体系要求，对毕业设计和毕业设计教学与管理工作进行评估。最后确定综合评估成绩。同时要把评估进行总结，通过教务处把评估中出现的问题反馈给学院，并提出整改建议，学院要根据专家的整改建议进一步提出建设方案措施，促进建筑装饰专业毕业设计教学质量的提高。

第6章　家装设计类毕业设计指导书

6.1 家装设计类毕业设计的具体内容

6.1.1 家装设计和住宅空间设计的区别

高职高专建筑装饰专业毕业设计应以真题真做为原则，尤其是以家装设计类（住宅空间设计、家居环境设计）为设计对象的题目。因此，首先必须明确住宅空间设计与家装设计的概念区别。

（1）住宅空间设计的概念

多数学校建筑装饰专业开设的“住宅空间设计”课程是以住宅空间为对象所进行的空间、色彩、采光、材料、家具、陈设等艺术设计。尽管也会提到居住者，但这个居住者往往是虚拟的。因此，住宅空间设计是以艺术设计的学习和研究为目的假题真做。

（2）家装设计的概念

家装设计则是受业主委托，以业主为对象，对其原始的家居生活空间进行生活方式、艺术效果和技术保障设计。业主及业主的房屋都是真实的。因此，家装设计是以现实业务为对象的真题真做。

6.1.2 家装设计的内容

（1）生活方式设计

包括下列设计：

1）功能设计

决定家的各项使用功能。

2）房间分配设计

决定房间的功能组合。

3）套型改进设计

发扬套型的优点，改掉套型的缺点。

4）设备配置设计

决定采用什么家用设备。

（2）艺术效果设计

包括下列设计：

1）空间设计

确定室内的空间效果（图6—1）。

2）界面设计

确定室内的界面形式和材料（图6—2）。

3）构造设计

确定装修的具体构造（图6—3）。

4）色彩设计

确定家的色彩氛围（图6—4）。

5）材料设计

图6—1 家居的空间设计(作者：宁波工程学院装饰02级学生倪立红，指导教师：刘超英)

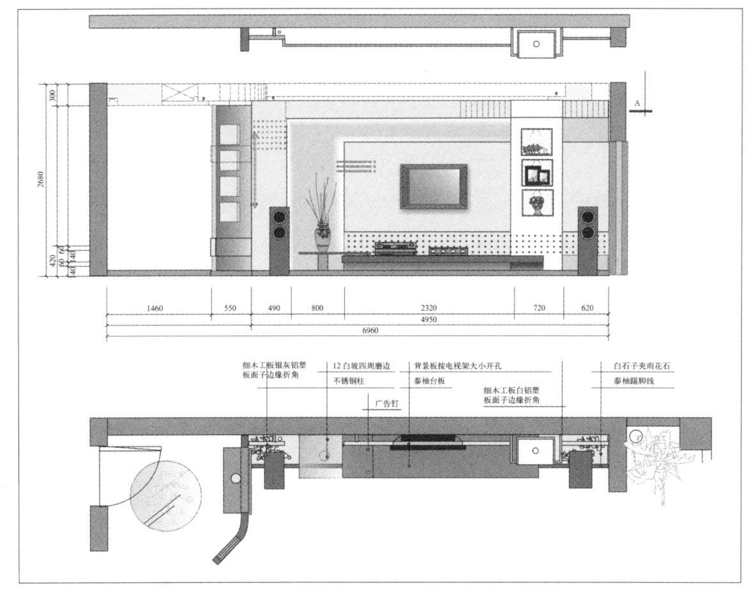

图 6–2　客厅的视听面界面设计图（设计：刘超英）

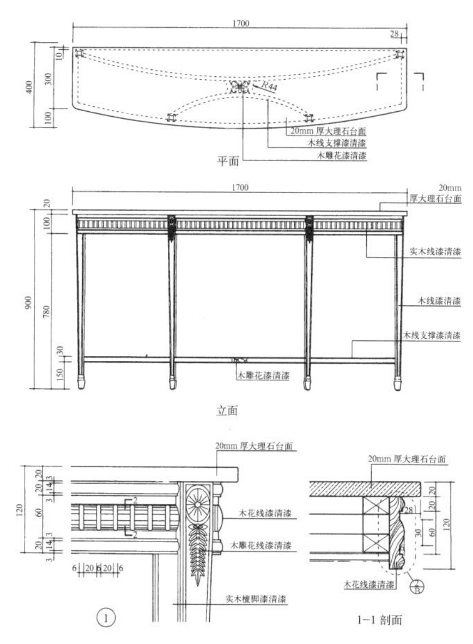

图 6–3　欧式家具的构造（设计：乐乐）

确定装修的具体材料（图 6–5）。

6）家具设计

确定采用什么类型、材料、色彩、风格的家具及摆放（图 6–6）。

7）采光设计

确定采用什么照明形式和灯具（图 6–7）。

8）陈设设计

确定家庭的各类陈设的配置（图 6–8）。

（3）技术保障设计

包括下列设计：

1）给排水设计

确定家庭的供水和排水；

2）暖通设计

确定家庭空调设备（图 6–9）。

（左）图 6–4　确定家的色彩氛围—儿童房跳动活跃的色彩效果（设计：刘超英）

（右）图 6–5　别墅装修外墙材料选择（某石材公司广告）

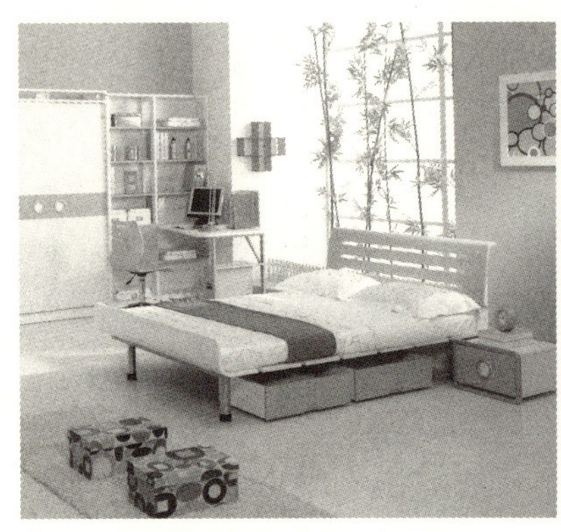

图 6-6　儿童房家具设计
（深圳福牌儿童家具广告）

图 6-7　卧室灯光设计（设计／摄影：刘超英）

图 6-8　玄关及陈设设计
（设计：刘超英）

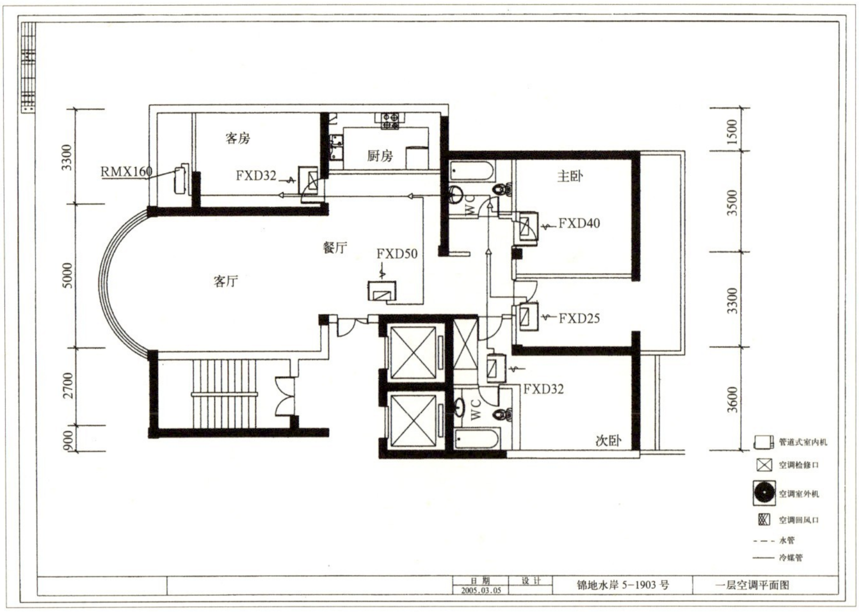

客房
厨房
RMX160
FXD32
主卧
FXD40
餐厅
FXD50
客厅
FXD25
FXD32
WC
WC
次卧
3300
5000
2700
900
1500
3500
3300
3600
管道式室内机
空调检修口
空调室外机
空调回风口
水管
冷媒管
日 期
2005.03.05
设 计
锦地水岸 5-1903 号
一层空调平面图

图 6-9　中央空调布置平面图
（设计：乐乐）

3）强电设计

确定家庭电路及开关插座的位置

4）弱电设计 （智能设计）

确定家庭电话、有线电视、网络、报警防盗系统等。

除此之外还要考虑家庭的环境、安全、健康设计问题。

6.2 家装设计类毕业设计的具体任务

家装设计类毕业设计的具体要求是根据毕业设计的程序结合家装设计的程序来具体确定的。

6.2.1 接题与准备

接受毕业设计任务书、接受教师的毕业设计指导。进行实习准备、经验准备、题目准备、参考文献准备。

6.2.2 选题与调研

确定题目、确定设计对象、进行系列调研、确定设计重点、研读参考文献。

6.2.3 开题

撰写文献综述、提交开题报告。开题报告需要得到指导教师的确认。

6.2.4 探索与设计

执行家装公司家装设计的流程。

6.2.5 作品提交与展示

打印、装帧并设计文本、展览展示设计作品。

6.2.6 答辩

汇报设计过程、设计结果及设计收获、回答答辩专家提出的设计问题。

6.3 准备阶段需要完成的任务及要求

6.3.1 调查研究 沟通了解

调查研究阶段主要完成一系列调研任务，具体任务有业主意向调查、业主分析、市场调查、设计差异性调查、原始房屋测量及套型分析。这些任务是必须完成的，具体的要求如下：

(1) 业主意向调查

可以通过业主调查表，完成业主分析，对业主的生活需求、风格意向、投入水平、选用材料、家具、设备等有一个清晰的判断。以下是一份业主信息摸底表的案例。设计者也可以自己设计合适的业主信息摸底表（表 6–1）。

设计信息摸底表 **表 6–1**

承诺：本表的填写的目的是为了使我们的设计更有针对性。

我们将为客户保密，保证不用于其他用途。

---

1. 客户基本信息：

业主姓名　职业　地址

电话号码　兴趣爱好　年龄段 □25 ~ 35 □35 ~ 45 □45 ~ 55 □55 以上

配偶信息　职业　兴趣爱好　年龄段 □25 ~ 35 □35 ~ 45 □45 ~ 55 □55 以上

子女信息 子 女　职业　兴趣爱好　年龄段 □1 ~ 6 □6 ~ 13 □14 ~ 18 □18 以上

其他同住人：　职业　兴趣爱好　年龄段 □25 ~ 35 □35 ~ 45 □45 ~ 55 □55 以上

---

2. 设计户型：

建筑面积：　m^2　使用面积：　m^2　结构类型：□ 砖混结构 □ 框架结构 □ 半框架

套型：___室___厅___卫___厨　系 □ 多层住宅 □ 高层公寓 □ 复式 □ 别墅

具体构成：

■ 起居室
□ 真皮沙发
□ 玻璃茶几
□ 视听柜
□ 家庭影院
□ 立柜空调
□ 落地灯
□ 饮水器
□ 装饰画
□ 冰柜
■ 主卧室
□ 1800 双人床
□ 1500 双人床
□ 床头柜
□ 梳妆柜
□ 空调
□ 电视柜
□ 小冰箱
■ 书房
□ 书柜
□ 写字台
□ 沙发
□ 椅子
□ 健身器
□ 空调

□ 电脑
■ 子女房
□ 单人床
□ 窗头柜
□ 书柜
□ 电脑
□ 衣柜
□ 小沙发
□ 空调
■ 客房
□ 单人床
□ 双人床
□ 床头柜
□ 电视柜
□ 衣被柜
■ 厨房
□ 成品厨柜
□ 进口脱排
□ 国产脱排
□ 消毒柜
□ 微波炉
□ 电饭煲
□ 冰箱
□ 米箱
□ 落地四头炉具

■ 餐厅
□ 餐桌椅
□ 装饰酒（碗）柜
□ 冰箱
■ 卫生间
□ 连体洁具
□ 浴缸
□ 淋浴房
□ 妇洗器
□ 玻璃移门
□ 电热水器
□ 洗衣机
■ 阳台
□ 洗衣机
□ 水斗
□ 洗衣板
□ 健身器
■ 门厅
鞋杂柜
装饰镜造型
隔断
■ 储藏室
■ 健身房
■ 内客厅
■ 棋牌室

续表

3. 拟定的装修档次：□ 普通（500 元 /m² 左右） □ 中档（700 元 /m² 左右）
□ 中高档（1000 元 /m² 左右） □ 高档（1200 元 /m² 左右）
□ 豪华（1200 元 /m² 以上）

4. 对设计风格的要求：
□ 海派风格（港台流行风格） □ 中式风格（采用红木家具） □ 欧式风格 □ 日本风格
□ 乡村自然风格 □ 怀旧风格 □ 贵族风格 □ 其他风格

5. 拟采用的主要装饰材料：
地面：
厅： □ 地砖 □ 花岗石 □ 大理石 □ 地板 □ 免漆地板 □ 复合地板 □ 地毯
厨卫： □ 地砖 □ 花岗石 □ 大理石
其余房间： □ 地板 □ 免漆地板 □ 复合地板 □ 地毯 □ 塑料地毯 □ 油漆
顶面：
厅： □ 是 □ 否吊顶 主卧室： □ 是 □ 否吊顶 子女房： □ 是 □ 否吊顶
书房： □ 是 □ 否吊顶 客 房： □ 是 □ 否吊顶墙面：
厅： 是否采用 □ 墙裙 □ 壁纸 □ 涂料 □ 根据设计师意见
主卧室：是否采用 □ 墙裙 □ 壁纸 □ 涂料 □ 根据设计师意见
子女房：是否采用 □ 墙裙 □ 壁纸 □ 涂料 □ 根据设计师意见
书房： 是否采用 □ 墙裙 □ 壁纸 □ 涂料 □ 根据设计师意见
客房： 是否采用 □ 墙裙 □ 壁纸 □ 涂料 □ 根据设计师意见

6. 拟采用的家庭设施：
厨房和卫生间：拟采用 □ 进口瓷砖 □ 国产瓷砖
厨具： □ 是采用成品 □ 自己订做
卫生间：拟采用何种品牌的洁具 □ 美标 □ toto □ kele □ 国产品牌
洗衣机：□ 一般全自动 □ 滚筒 □ 品牌____型号______尺寸______
热水器：□ 燃气 □ 电热 □ 太阳能 □ 品牌____型号______尺寸______
□ 供热范围 □ 洗槽 □ 洗衣机 □ 浴缸 □ 淋浴间 □ 洗脸台
电话：□ 每间一部分机 □ 家用独立分机
电脑网络：□ ADSL □ 网通 □ 拨号上网 □ 家庭局域网 □ 无线网卡
电视：需要有线电视的房间 □ 厅 □ 主卧室 □ 子女房 □ 书房 □ 厨房 □ 客房
□ 卫生间 □ 背投 □ 液晶 □ 等离子 □ 投影仪 □ 品牌____型号____尺寸____
空调：□ 家用中央空调系统 □ 分体式空调 □ 窗式 □ 地热空调 □ 其他
□ 品牌____型号______尺寸______

7. 有何其他特殊要求：

(2) 业主意向分析

在业主信息分析表的基础上整理出业主意向分析表。表 6–2 是一个案例，可以作为建议的业主意向分析表的表格样式。

业主意向分析表（案例）　　表 6–2

评估内容	设计要求
家庭类型	三口之家，收入固定、丰沛
成员情况	中年，男主人大学教师，女主人公务员，儿子重点初中
交往情况	经常有客人来访（以学生居多）
主要使用者情况	男主人工作弹性，在家时间比较多，外面有兼职，需要工作室
必须的功能配置	家庭影院、6 座以上的座位、有第两个谈心区、电脑上网
附加的功能配置	起居室要健有身设施和空间
对文化的要求	夫妻文化程度高，品味比较高雅，喜爱传统文化
特殊爱好	有收藏爱好
心理价位	总造价 10 万左右，每 $1m^2$ 大约花费 700 元
喜欢什么风格	自然休闲＋现代简约
客厅的功能意向	欣赏家庭影院、谈心、招待客人、舒服地休息、卡拉 OK、休闲阅读、喝茶、侍花弄草、展示藏品、展示藏书
主卧的功能意向	看电视，在床上做事（写作等）床上娱乐、落地窗前休闲、走入式衣帽间
书房的功能意向	可供 3 人使用的大面积书桌、大容量的藏书、先进的电脑及外设、好友交谈的位置
主卫的功能意向	长时间木桶泡澡、看电视、看书
厨房的功能意向	有美食爱好，对菜肴有研究，希望有岛式操作台
家具制作选购意向	主要选购成品

(3) 市场调查

在进行设计之前，应有针对性地对材料、家电、家居、家具市场进行走访调研，并列表整理（表 6–3）。

市场流行情况调查表（案例）　　表 6–3

调查时间和地点	市场流行的材料	市场流行的设备	流行的设计风格	流行的工艺
2006 年 7 月 现代材料市场 国美家电 家具市场	大抛光砖	双开门冰箱	新简约	水工艺切割
	陶质装饰砖	大尺寸平板电视	ART　DECO	
	300mm × 900mm 瓷砖	独立浴缸	新简约	
	金属墙纸		新中式	

(4) 设计差异性调查

差异性调查要注意选择同等档次或同个居住小区的样本选择，适当选择相关样本。在数量上至少调查 10 家（表 6–4）。

当今流行的家居风格调查表　　　　表 6–4

地点	业主年龄	职业	风格	投入估价
天意家园某宅	50 岁左右	中级公务员	欧式	2000 元 /m^2
水上阑珊某宅	35 岁左右	大学教师	新简约	1000 元 /m^2
天河家园某宅	60 岁左右	作家	新中式	1500 元 /m^2
青林湾某宅	30 岁左右	公务员	简约	800 元 /m^2
波波城某宅	55 岁左右	商人	欧式	3000 元 /m^2
城市森林某宅	40 岁左右	中学教师	简约	800 元 /m^2
城市森林某宅	30 岁左右	演员	ART DECO	1000 元 /m^2
城市森林某宅	30 岁左右	初级医生	新简约	1000 元 /m^2
城市森林某宅	30 岁左右	初级公务员	简约	800 元 /m^2

（5）业主房屋调查

必须详细测量业主的原始房屋，取得详细的测量数据和原始平面图（图 6–10），并根据业主的房屋情况提出原始空间分析意见。为了全面分析业主的原始房屋，可以用毛坯空间分析表进行分析（表 6–5）。

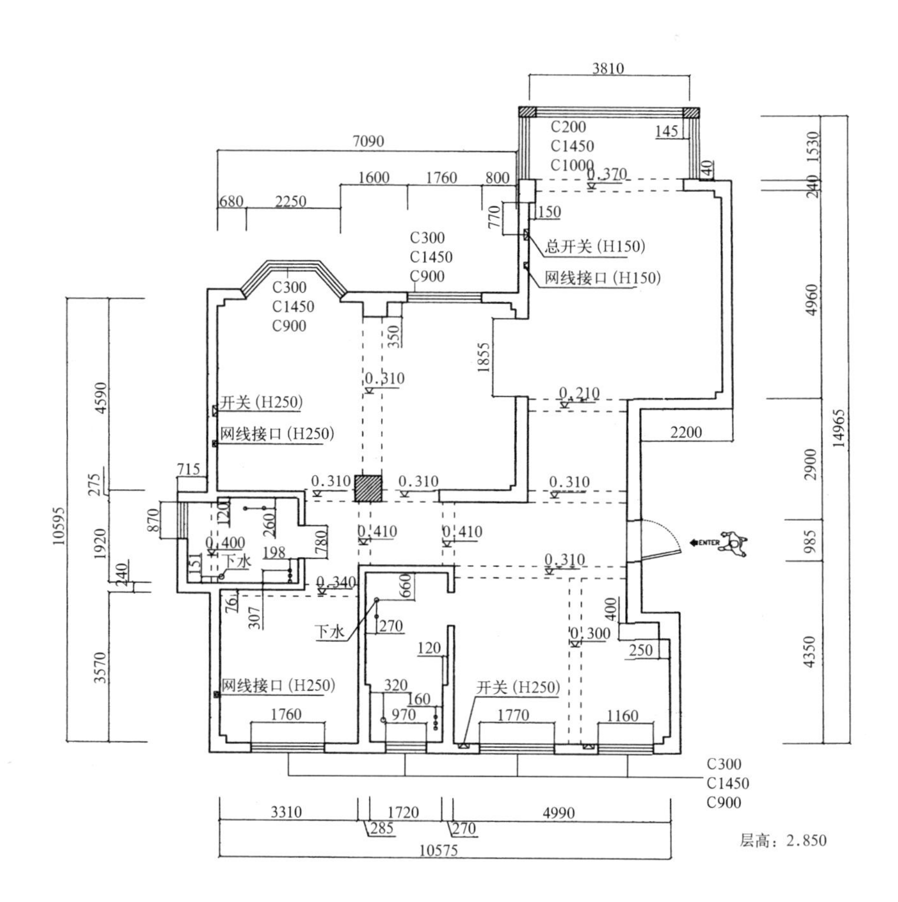

图 6–10　原始平面测量图案例（设计：宁波工程学院装饰 05 级胡金蝉，指导教师：刘超英）

毛胚空间分析表（案例）　　表 6–5

要素	有利因素	不利因素	如何改进
朝向	朝南，采光好	2 间朝西	注意遮阳处理
通风		关门后没有通风	配备人工通风设备
交通		局部比较狭窄	不能设计家具
流线	开间大，气派		可以组织双流线
景观	窗前景观好	有人锻炼有噪声	重点注意隔声处理
进深		进深大中部光线不好	卧室对出可以隔出一个衣帽间
层高		局部有梁影响层高	注意高低错落形成对比形成特色
柱子		进门有柱子	利用柱子做一个玄关界面，隐去
形状		有不规则形状	组织一个功能区
大小		主卧室比较小	衣柜移出，在走入式衣帽间解决
厨卫		厨房门对着大门	厨房门改向
入口		没有独立玄关	在起居室里分割

6.3.2 理清思路　确立理念阶段

（1）确定重点需要解决的问题和重点探索的内容

在确定业主，经过系列调研之后，就要理一理思路，确定主要想设计探索的内容，列出重点需要解决的问题。因为家装设计内容繁杂，据《家装设计学》作者研究，家装设计多达十八个方面的问题需要解决。对高职高专的学生来说，由于经验的缺乏，每一个设计不可能同时考虑很多问题。首先要按照要求和程序，完成整个设计。在设计过程中可以确定一个或者两个重点需要解决的问题进行重点探索。这样才能比较好地达到目的，完成毕业设计的任务。例如，重点解决功能布局的规律问题，或者重点探索风格适应对象的问题，也可以选择艺术要素中的空间、色彩、家具陈设中的一个要素进行重点探索。不要胡子眉毛一把抓，这样容易顾此失彼，得不到好的结果。

（2）酝酿设计理念

设计师在进行初步设计时，首先要确定设计理念。确定设计理念不能由设计师单方面决定。相反设计师要根据业主的众多要求，从中提炼出核心要求，再根据核心要求提出适当的设计想法。如业主在设计交流阶段反复提到怎样价廉物美，说明这个业主对价格敏感。因此在设计时设计师要尝试采用“简约”的设计理念。可以用“简约不简单”这样的文字来表达自己的设计理念。因为相对来说，简约风格的家装是比较省钱的，而简约的设计不是设计的简单化，更不是效果的简单化，这是一个业主接受度很高的设计理念。又如，业主在交流阶段特别关心装修污染的问题，设计师就可以尝试“绿色设计”的设计理念。在向业主介绍设计时最好对自己的设计理念进行重点说明。这个说明可以放在设计文件的封面或扉页上。说明要简明扼要、醒目突出，能够引起业主的注意。这个举动可以充分表明设计师对业主的重视，使业主倍感欣慰。有的业主对浪漫的新生活非常向往，因此设计者可以重点对时尚生活新观念、新手段、新方法进行探索，重点打造家庭SPA、家庭影院、家庭茶吧等。给业主一个惊喜！等等，要因人而宜，也可以适当结合自己的特长和兴趣，把这些统一起来。

(3) 阅读参考文献

在初步确定了设计理念之后，最好有针对性地搜寻阅读一些参考文献，从这些文献中寻找一些启发。这个工作很重要，也是一个很实用很有效的研究方法。通过阅读大量的文献，掌握业界的国内外最新动向和最新发展。这对时尚色彩很浓的家装设计特别重要。

参考文献的阅读面要广，最好涉及古今中外；选择的文献要权威，刊物（著作、网站）要权威，作者要权威；阅读的焦点要集中在自己探索的课题上。这样才会得到有效的帮助。阅读时要随时做笔记、图录，把经典的观点、图样摘录下来。同时也要把阅读参考文献时激发出来的创意火花及时记录下来。

(4) 进行文献综述

在阅读了参考文献之后，要写一篇文献综述，把自己的阅读心得和收获整理出来。形成明确的观点。为自己的设计作一些理论的铺垫。

文献综述相当于一篇小论文。由前言、主体部分和结论构成。前言主要说明研究的方向和重点需要解决的问题，用三言两语引入主体。主体部分进行重点概括和论述，通过概括文献阅读中提到的观点、方法，把自己重点需要研究的问题论述清楚。结论则对自己的研究结果做一个小节。

文后还要求附录一个参考文献的列表。

6.3.3 明确题目　确定重点

毕业设计题目是毕业设计的纲，纲举才能目张。有了一个好的题目就等于有了一个好的设计方向和正确的设计路线，只有沿着正确的道路才会达到理想的目的地。

(1) 题目的要求

1) 主题鲜明，重点突出

题目的主题要尽可能地鲜明，重点要尽可能地突出，主题和重点还要有吸引力。如"固定空间中的弹性生活"这个题目的主题是"固定空间多义化"，设计的重点在于解决"固定"和"弹性"这样一对尖锐的矛盾。这个主题对多数居住在小空间的中国人很有参考价值，设计所探索的方法对想解决同样问题的人很有吸引力。

2) 语言明快，传达直接

语言要直接准确，不要绕弯子，要直接传达要表现的内容，并且语言还要有一定的感染力。如"东情西韵——某宅的风格演绎"这个题目的主标题只有区区四个字，却把他要探索的东方情调、西方韵味的这种正在流行的"中西混搭"的设计风格用相当简短、明快的语言，直接、准确地传达出来了，而且很有文采。

3）角度新颖，有表现力

设计题目选取角度一定要讲究新颖两字。"会呼吸的房子"这个题目选取的主题是"通过优良的通风设计改善居住的物理环境"，但他的题目没有直接用"居室的通风控制"之类的表述，而是选取了一个拟人的角度，用富有诗意的语言，表达居室的通风控制的主题，很艺术，很有表现力。

4）时尚流行，是当今前卫人士的关注热点

时尚永远是家装设计的主题，把脉时尚是成功设计师的基本功。毕业设计的题目紧扣时尚是比较讨巧的，容易取得好的效果。如"家庭中的水疗空间"这个题目就很好地抓住了近年来前卫人士普遍关注的"家庭SPA"这个时尚主题，内容前卫、精彩、浪漫。

5）深度适宜，适合本层次学生探索

高职高专的学生选取的题目要适合自己的学术层次，既不能太深、也不能太浅。有些设计美学、设计哲学的命题太玄奥，不宜涉略。有些题目也太浅如三四十平方米的单身公寓设计，题目太小，也不宜作为毕业设计的题目。

（2）家装设计类毕业设计题目存在的通病

1）无主题

这是当前家装设计类题目最大的通病。具体表现为以设计项目为题，如"居室设计"、"某公馆室内设计"、"×××小区别墅设计"。这样的题目只表达了设计的类别，但没有传达出设计的主题，作为单个交流的设计业务可以用"某宅"、"某室"居室设计（别墅设计）为题，但作为高校的毕业设计则缺乏学术性和专业的深度，如果用于集体展示，譬如展览、评奖、出版，这样的题目就更加显得过于笼统、缺乏个性，因而也缺乏吸引力。

2）题目过大

有主题，但题目过大，也是当今学生在选题上出现较多的毛病。例如"设计文化研究"、"中国家居研究"、"中国传统家居文化研究"、"风尚设计"等。这样的题目研究的深度和广度超出了高职高专学生的专业层次，对这个层次的学生来讲是无法胜任的。

3）焦点分散

例如"新时代风格"、"21世纪的新风尚"、"流行色研究"、这也是高职高专学生毕业设计题目的通病，这样的题目焦点不集中。如"新时代风格"一定有很多，你究竟研究的是什么风格？"流行色研究"的对象也很多，那么你是不是以家居设计流行色为对象？如果是，那么题目不妨改为"2007家居流行色的趋势"，焦点才显得集中。

4）语言不完整

高职高专的学生由于自身文化水平的限制，出的题目往往出现语句不完整的毛病，例如"清新自然"、"空灵设计"、"居室的灯光"等。这样的题目好像话只讲了一半，整个设计意图表达还没有完成。对这样的题目应该作进一步限定，如"居室的灯光照明艺术设计探索"、"清新自然的新乡村风格"，"空灵不等于空白"等。

5）题目陈旧，缺乏表现力

类似"小空间改造"、"家居环境的色彩设计"、"起居室的功能"这样的题目已经老生常谈，毫无新意，引不起读者的兴趣。因此，也不是好的题目。

6）与专业无关

如"建筑的设计意蕴"、"打桩如何控制噪声"这类题目与家装设计建筑装饰设计无关，应此不宜作为本专业的毕业设计题目。

7）建议的选题角度和题目类型

家装设计的题目可以有很多选取的角度，这些角度都很有研究探索的空间。下面例举15个角度，分别拟定了若干题目，可以供大家参考（表6–6～表6–19）。

时尚研究类参考题目　　表6–6

参考题目	重点探索内容
家庭中的水疗空间或 起居室中的水疗空间	水疗空间是现代人追求的一种生活享受，在有限的家居空间内如何设计舒适惬意的水疗空间
别墅庭院中"天人合一"的设计理念探索	如何利用周边景观环境营造和谐人居
黑白二重奏	黑白两种色彩的设计营造的独特视觉面貌和有个性的时尚感觉
卫浴空间的浪漫	卫浴空间的性感氛围营造
风情万种的"帘"想	时尚布艺的变异

空间设计类参考题目　　表6–7

参考题目	重点探索内容
多义空间，百变效果	小面积家居如何提高空间效率
家居空间的围与透	空间领域感和空间层次感的营造
固定空间中的弹性生活	活动家具在空间定义中的作用
小空间，大格局	小空间不一定是小格局，小空间大有文章可做
四维体验空间	时间如何参与空间设计

风格创造类参考题目　　表6–8

参考题目	重点探索内容
任古典穿行与现代 或古典情调的现代演绎	新古典风格的现代探索让古典风格的家具设计适应现代人的生活享受
东情西韵	西方风格和东方情调的混搭满足现代人多元审美需求
地中海的阳光	地中海风格的时尚元素及应用
维多利亚家居的新演绎	新乡村风格的装饰性在现代居室中应用
用明式家具营造空灵的明式空间	明代家具的设计元素的对明式家居风格形成的影响
法国乡村的蓝色情迷	法国乡村风格的风格元素及表现力

理念策划类参考题目 表 6–9

参考题目	重点探索内容
节能无处不在	现代居室装修中的节能途径
家居中的健康设计	设计因素的健康考量体现在设计的方方面面
不仅无障碍，而且还能……	高龄老年人的家居空间设计
环保＋科技　美学＋功能	现代家居的设计理念
新科技 新享受	智能设备在家居设计中的应用

艺术研究类参考题目 表 6–10

参考题目	重点探索内容
和谐——效果的终极追求	和谐是设计的最高境界，如何通过不同的设计元素的配置达到和谐统一的设计效果
尺度的魔术	合理的尺度不仅有利于使用者的使用舒适性，而且还关系到视觉效果的显现
高贵的紫色	紫色是高贵的颜色，同时也是娇贵的颜色，稍有不慎就可能产生负面的效果，因此度的把握是探索的重点
圣洁的白色	如何使白色变得圣洁而不是苍白
随着季节变换的色彩	色彩的季节性感受不能两全，通过局部的色彩变化调整，满足冬季或夏季的视觉心理需求

技术探索类参考题目 表 6–11

参考题目	重点探索内容
亲爱的，我把房子变大了！	小空间家庭的空间布局
会呼吸的房子	单向套型的通风设计
夜班人士生活品质的提升	隔声，白天拒绝外来的声音，晚上自家的声音也不影响邻居
听得见 看不见	用微型音响营造现代家庭音效空间
两套并存的灯光系统	冬夏季节的灯光色彩的变换

工艺创新类参考题目 表 6–12

参考题目	重点探索内容
水切割工艺，制造视觉新感受	水切割工艺对硬质的抛光砖、花岗石、玻璃、不锈钢等材质有神奇的效果，利用这种效果创造独特的视觉效果是高端用户的追求
11+7+8+11+58 = 32000！	模数家具的搭配
集成家居新工艺	装配式家居的施工工艺和流程
精装修的菜单	家居新模式可行性研究
生态无痕——环保装修工艺探索	环保装修工艺的三大要点

沟通理解类参考题目 表 6–13

参考题目	重点探索内容
家也是文化的载体	文化人的家庭空间一定是文化的载体，如何使家居空间有浓浓的文化味
SOHO——闲散的办公室	打造家庭商务环境的设计，休闲式工作空间的设计
我的品位商务空间	在家里接待商务客人是许多大商人业主的实际需求，因此如何设计品味商务空间同时又不影响家人的正常生活需要科学地安排
家＝你爱的＋爱你的	家居设计如何更加个性化
独享空间	个性与创意如何与业主的需求紧密结合

效果表现探索类参考题目　　　　表 6–14

参考题目	重点探索内容
3dmax 中的灯光设置	灯光设置是效果图设计中的难点，通过反复试验获得有效的灯光配置的参数
钢笔淡彩手绘效果图的魅力	简便的手绘效果图在理念交流中的作用
Photoshop 的后期处理	如何使效果图更加逼真
喷绘的仿真表现技法研究	喷绘的细节仿真表现技法
快速线条图的沟通功能	快速线条图的在设计沟通中的特殊作用

设计研究类参考题目　　　　表 6–15

参考题目	重点探索内容
建筑美学在家居中的延伸	家居室内设计的美学特性
把快乐还给童年	儿童生活空间设计，让儿童享尽童年的快乐
心境化空间	家居空间的心境化
豪华源于舒适	以人的需求为出发点，营造舒适的家居环境
简化的新古典，华丽的新贵族	华丽的古典风格时尚化

材料搭配类参考题目　　　　表 6–16

参考题目	重点探索内容
绮丽的肌理效果	肌理对人的感观的影响
点石成金	普通材料的不凡使用，有表现力的材质探索
画龙点睛的材料使用手法	只在关键的部位使用贵重的材料
粗犷自然新感受	自然风格的家居如何进行材料搭配
透明风尚	玻璃材料在家居中的应用

生活功能类参考题目　　　　表 6–17

参考题目	重点探索内容
家有多少种可能	移动家具在小空间中的应用效果
阅读无处不在	各种类型的阅读空间效果探索
三个卫生间的三种变身	卫生间的梯度化设计
遥控生活	现代科技的应用
当厨房不是用来做饭	展示型厨房的设计

构造探索类参考题目　　　　表 6–18

参考题目	重点探索内容
壁炉——给家庭带来无尽的温暖	别墅中的壁炉构造
暖气片？工艺品？	暖气片构造的装饰性
昼夜颠倒的生活空间	家居重点部位的隔声构造
个性灯具 DIY	自创灯具的构造
纯手工的情趣	就地取材，就地制作

情感表达类参考题目　　　　表 6–19

参考题目	重点探索内容
微风吹过我的客厅	个人的特殊设计感受
面朝大海 春暖花开	个人的特殊设计感受
东方快车从我家驶过	个人的特殊设计感受
用空灵守候心灵	个人的特殊设计感受
用艺术点亮心情	个人的特殊设计感受

6.3.4 开题报告

有了好的题目，确定了设计的重点，撰写开题报告。开题报告的撰写参照第2章2.4～2.5节。

6.4 设计环节需要完成的任务及要求

6.4.1 初步设计阶段

初步设计环节的核心任务是：根据客户的情况和要求，确定设计理念和设计思路，对客户家庭生活进行合理科学的功能安排——平面布局，也叫平面设计。还要确定整个家装工程大致的造价水平。

（1）总体布局　显现效果

第一步是设计平面图。平面图至少提出3套设计思路。总平面图是初步设计中的核心图纸。也是客户最关心的图纸。在这张图里表明设计师对业主家庭的空间的格局布置、房间的分配、生活设施的配置、家具的平面形态和布局、陈设的点缀等家装的关键信息。它可以决定业主家庭的生活状态，生活水平，生活重心。在平面图里可以充分体现设计师的设计功力。平面图在技术上要包含下列信息：

1）经过设计改造的建筑平面的形状和尺寸

2）房屋的朝向方位，如果没有说明就是默认的上北下南

3）房间的入口和与入口相关的适当的公共部位的形状和尺度

4）多层的房屋要表明楼层信息和标高

5）交通的组织和楼梯上下的位置

6）房间的分割和尺寸

7）房间功能的分配

8）功能区域及空间分割

9）家具和其他生活如卫生洁具、厨房设备等设施平面形态和布局

10）门窗的大小和开启方向

11）地面标高的变化

12）地面材料的名称和规格

13）标明相关的色彩

14）进户强、弱电控制盒的位置

15）如果有效果图的还需要表明效果图的视角

16）与打印图面相适应的合理的比例尺度

17）必要的文字说明

18）带有公司名、会签栏、版权及免责声明的图签

平面图的表现在艺术上要注意线型的层次，房屋建筑的轮廓和内部家具陈设等要有明显的区别，线条上要注意疏密变化。

除了平面图以外还需要设计3～5张效果图。许多业主希望设计师在设计方案时提供几张效果图，装修公司一般也会满足业主的要求。一般会提供主要部位

的效果图。

设计师一般选择业主最关心的部位和自己的设计亮点部位绘制效果图。效果图一般比施工图更容易被业主理解。当然绘制效果图比施工图更费时间和心血。但是为了与业主顺利签单，设计师也不得不费心费力，绘制效果图。所以绘制效果图是优秀家装设计师应有的能力。

效果图可以手绘，也可以用电脑设计程序制作。

手绘效果图一般采用麦克笔或钢笔淡彩、彩色铅笔等快速表现工具来表现。在艺术上重点表现亮点部位的设计构造、家具陈设形态、色彩关系等形成的宜人的家庭氛围和设计师洋洋洒洒的笔法。对材质等表达只求神似。手绘效果图要特别注意虚实结合、收放自如、一气呵成。

绘制电脑效果图有专用的软件，如圆方。也有通用的软件，如3DMAX和PHOTOSHOP。电脑效果图可以表现逼真的空间效果和材质，模拟家装完成以后的真实效果，很受业主的喜欢。

效果图的角度选取非常重要，不必面面俱到，但一定要把设计的亮点表达出来。

(2) 沟通修改

业主对设计师的初步设计进行评估。一般业主评估的重点为：设计理念和总体布局是否符合业主的意愿；房间安排和功能配置是否符合业主的使用要求；家具配置是否合理够用；设备配置是否得当；经济档次是否符合业主的心理价位等。要求高的业主还要评估设计风格是否可以接受，设计有没有创新，有没有设计亮点等。

业主经过仔细评估对设计师的设计进行意见反馈。这时设计师需要仔细评估业主提出的意见。对功能的遗漏和没有必要的功能配置进行增减，对没有考虑到的关系进行调整。长期的设计实践表明：前期的交流业主总是不能把自己的想法和要求说清楚，到了这个环节，经过设计师的诱导，业主才会把自己的想法表达清楚。

(3) 确定初步设计

对于业主的意见总体来说有“全盘接受”、“全盘否定”和“多数接受部分修改”三种意见。

如果业主的意见是“全盘接受”，那么说明设计完全符合业主的要求，不必进行修改就可以进入下一个环节。当然并不排除业主有可能迷信设计师，或者看不懂设计图纸，对你的设计盲目接受了。

如果业主的意见是“全盘否定”，就要分析原因，是不是对业主的理解有误？还是业主没有理解设计师的设计意图？是完全没有考虑到业主的要求？还是设计太超前亦或设计过于保守？对这种情况惟一的选择是推倒重来。

多数的情况是“多数接受部分修改”。业主对设计基本肯定，有部分不足要求进行改善。

设计沟通是设计师必须练就的基本功。为什么有的设计师总是能很快地搞定业主达成共识，而有的却多有坎坷。其中的奥秘就在于设计沟通的能力。

6.4.2 深入设计阶段

（1）施工图设计阶段

施工图阶段的核心任务：根据国家制图规范，深化初步设计。把各个房间、各个部位的设计意图、构造、材料、色彩交代清楚。以便预算人员按图计价，材料员按图采购装饰材料，施工人员按图施工，施工组织人员编制施工组织方案，验收人员按图验收。

施工图的总体要求：

1）设计规范　设计师的所有设计要求都必须符合国家的法律、法规、标准、条例、办法。这些文件，有的是强制性的，例如《建筑内部装修设计防火规范》GB 50222—2001、《建筑装饰装修工程质量验收规范》GB 50210—2001、《民用建筑工程室内环境污染控制规范》GB 50325—2001等。它们不仅是设计师的设计依据，也是设计师需要坚决执行的。

2）职责明确　国家没有授权家装设计师从事建筑承重结构的设计。如果在设计中要涉及这些问题，家装设计师就要提请有设计资质的专业部门和技术人员来执行。千万不能擅自处理。对专业的机械、电、空调、消防等专项设计，家装设计师的职责是配合而不是设计。

3）表达清楚　目前国家尚无装饰制图统一标准。只有上海市在2004年5月1日实施了《上海市室内装饰行业标准室内装饰设计规范》，但国家的《房屋建筑制图统一标准》GB/T 50001—2001及《建筑制图标准》GB/T 50104—2001可以作为我们的主要参考。线形、字体、比例、剖切符号、索引符号、详图符号、引出线、定位轴线及尺寸标注要求和对楼梯、坡道、空洞等图例均按照这两个标准的规定执行。对一些新出现的内容则可参照国内外室内制图的相关图例，结合所在公司的实际情况编制公司统一的图例。对各种常用的图框、图标、文字、图例、符号均制作统一样图，从而控制施工图的质量。

4）面面俱到　施工图要对每个房间每个部位的施工措施都表达清楚，要做到现场施工人员在设计师不在场的情况下仍能把工程顺利地进行下去。设计不能出现空白。

（2）撰写设计说明

家装设计的设计说明主要包括以下几个部分：

1）工程概况

说明工程名称、规模、位置、面积、业主情况、投入水平等基本情况。

2）设计依据

家装设计是目的性很强的设计，因此依据必须正确。如果依据错误，那么以后的设计就会失去意义。家装设计的依据重点是业主要求，其次是国家或地方对家装的管理文件，然后是家装设计的施工规范。小区的物业管理规定也是设计依据之一。家装设计也是围绕着这些设计依据展开的。设计说明应该把这些重要的信息交代清楚。

3）技术要求和检验依据

这是保证家装设计能够实现的重要条件。这也是技术交底的主要内容，因此也应该在设计说明中用书面明确下来。

4）对设计版权的保护申明

家装设计是一种智力劳动，是精神产品，也是一种知识产权。它的著作权不因为业主支付了设计费而转移。设计者仍然享受着著作权法保护。作者可以申明权利也可以放弃权利，这是设计者对自己的著作权的态度。有必要在设计说明中予以明确。

5）免责条件

设计图与实际的施工现场有可能有细微的区别，因此设计师应申明如果现场与设计图纸有差异，应当据实调整，如果有重大的出入，应由设计师进行设计变更。如果施工方擅自做主，则设计师免责。

（3）审核

1）会审协调

设计图纸完成之后，设计方需要组织相关技术人员对设计图纸进行会审，对设计中存在的问题提出意见，互相进行技术协调。并对这个过程进行记录形成"图纸会审记录"。这也是设计文件的组成部分。

2）批准设计

首先按实习单位的程序进行审批，然后通过指导教师的审核。

6.5　毕业设计后续环节

指导教师确认设计之后，就进入图纸打印、文本装订、展板设计、答辩准备及毕业答辩阶段，各个阶段的具体要求见本书第 2 章～第 4 章。

第7章　宾馆设计类毕业设计指导书

7.1 宾馆设计类毕业设计的具体内容

7.1.1 宾馆设计的特点

宾馆类建筑装饰设计是公共建筑装饰设计的一个大类，有别于其他公共建筑装饰的是旅客往往通过对宾馆印象来感受城市，很多高级宾馆就是坐落于城市的高档建筑群里，如上海金茂大厦的君悦大酒店。宾馆希望通过装饰来提高宾馆的档次，使旅客对宾馆的生活留下深刻、美好的记忆，从而激发日后再来的愿望。

宾馆的主要消费对象是旅客，根据旅客这一人群的特定心理特征，宾馆建筑的室内设计也呈现出相应特征：

（1）旅客心理特征

1）向往新事物。

2）向往自然。

3）向往开阔眼界。

4）怀旧、乡情。

（2）宾馆建筑室内设计的特征

1）充分反映当地自然和人文特征。

2）重视民族风格、乡土文化的表现。

3）创造返朴归真的环境。

4）建立充满人情味及思古幽情的情调。

5）创建能留下深刻记忆的建筑装饰风格。

7.1.2 宾馆设计的内容

（1）大堂的室内设计

宾馆大堂是宾馆的中心流动空间，是组织宾馆的过度区域，大堂是旅客获得第一印象和最后印象的最主要场所，大多数宾馆都把它视为室内装饰的重点，集空间、家具、陈设、绿化、照明、材料等之精华于一厅。大堂内部主要有：

1）总服务台

总服务台是大堂最重要的地方，应设在较明显的地方，使旅客入厅就能看到，总台的主要设备有：房间状况控制盘、留言及锁钥存放架、保险箱、资料架等（图 7–1）。

2）休息处

方便登记、结帐，离总服务台较近（图 7–2）。

3）大堂副理

大堂副经理办公桌布置在一般设在入口附近，以处理前厅业务。

图 7–1 某宾馆总台（作者：浙江建设职业技术学院 2005 届学生：林一平，指导教师：竺越、邱国保）

图 7-2 某宾馆休息处（作者：浙江建设职业技术学院 2006 届学生王佳，指导教师：竺越、张毅、邓小琳）

图 7-3 某宾馆的大堂吧（作者：浙江建设职业技术学院 2006 届学生王佳，指导教师：竺越、张毅、邓小琳）

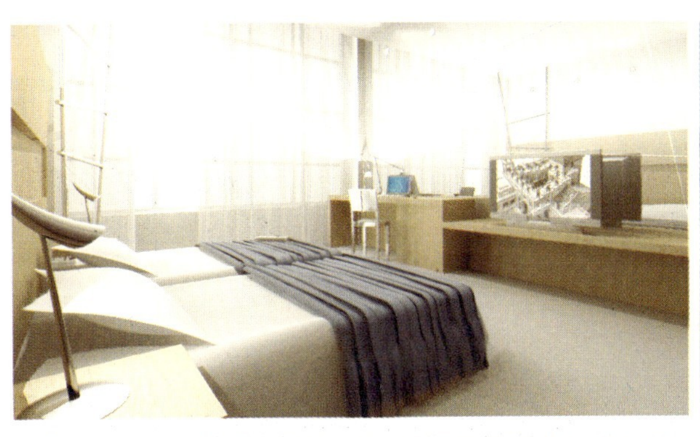

图 7-4 某宾馆的标准间（作者：浙江建设职业技术学院 2006 届学生张焱靖，指导教师：徐哲民、龚一红、竺越、袁文薇、沈剑峰）

图 7-5 某宾馆的单人间（作者：浙江建设职业技术学院 2005 届学生王佳，指导教师：竺越、张毅、邓小琳）

4）大堂吧

供应酒水、咖啡、茶等饮料、提供休息、交谈的场所，可放置钢琴，设立吧台，周围营造优美的环境（图 7-3）。

5）商场

销售旅游用品和日常用品，书籍，鲜花，糕点等。

6）商务中心

提供传真、长话、复印等服务。

7）行李中心、贵重物品寄存处、保安、办公、总机、银行、航空等。

（2）客房的室内设计

客房内按不同使用功能，可划分为若干区域，如睡眠区、休息区、工作区、盥洗区。

1）标准房

规格统一设施标准的房间（图 7-4）。

2）单人房

只有一张床的房间，可以作为单人房或夫妻房（图 7-5）。

3）行政套房

不但有卧室，还要配备办公和会客的房间（图 7-6）。

图 7-6　某宾馆的行政套房（作者：浙江建设职业技术学院 2006 届学生张焱靖，指导教师：徐哲民、龚一红、竺越、袁文薇、沈剑峰）

图 7-7　某宾馆的商务套房（作者：浙江建设职业技术学院 2006 届学生王佳，指导教师：竺越、张毅、邓小琳）

图 7-8　某宾馆的总统套房（图片来源：http://www.abbs.com.cn/bbs/post/view?bid=3&id=8781308&tpg=1&ppg=1&sty=1&age=30#8781308）

图 7-9　某宾馆的宴会厅（图片来源：同图 7-8）

4）商务套房

不但有卧室，还要配备办公和会客的房间，设施比行政套房更高档一点（图 7-7）。

5）总统套房

设施非常豪华的套房（图 7-8）。

（3）餐饮空间的室内设计

1）宴会厅

宴会厅与一般餐厅不同，常分宾主，执礼仪，重布置，造气氛，因此室内空间常做对称格局。宴会厅还应该考虑宴会前陆续来客聚会、交往、休息和逗留的活动空间和休息（图 7-9）。

2）中餐厅

主要布置十人圆桌，色彩明净，使人从容不迫、舒适愉悦，选择防滑，易清洁的材料，通风采光好，考虑适当的吸声要求（图 7-10）。

3）西餐厅

往往采用自助餐厅的形式，自助餐台应区分食品种类。色彩和材料的选用宜适合营造浪漫的气氛（图 7-11）。

图 7–10　某宾馆的中餐厅（作者：浙江建设职业技术学院 2005 届学生顾杲峰，指导教师：尉建、竺越、王蕾）

图 7–11　某宾馆的西餐厅（作者：浙江建设职业技术学院 2005 届学生王佳，指导教师：竺越、张毅、邓小琳）

图 7–12　某宾馆的特色餐厅（图片来源：同图 7–8）

图 7–13　某宾馆的和室包厢（作者：浙江建设职业技术学院 2006 届学生蒋蕾，指导教师：竺越、邵健、周浩）

4）特色餐厅

如日本料理、重庆火锅等具有浓郁地域特色的餐饮类型，可根据餐饮的特色划分空间，进行家具和陈设的设计，突出该餐厅的独特风情（图 7–12）。

5）包厢

每间包厢可以有单独的主题和风格，也可以与外面的大厅风格相呼应，大包厢可以考虑有灵活的隔断，方便使用（图 7–13）。

（4）健身娱乐空间的室内设计

1）娱乐中心

包括舞厅、卡拉 OK、KTV 包厢等，一般采用织物装饰，设计中要注意消防规范的规定（图 7–14）。

图 7–14　某宾馆的酒吧台（作者：浙江建设职业技术学院 2006 届学生张焱靖，指导教师：徐哲民、龚一红、竺越、袁文薇、沈剑峰）

图 7-15　某宾馆的按摩房（图片来源：同图 7-8）

图 7-16　某宾馆的游泳池（图片来源：同图 7-8）

图 7-17　某宾馆的大会议室（作者：浙江建设职业技术学院 2005 届学生徐丹，指导教师：竺越、陈响亮）

图 7-18　某宾馆的中会议室（作者：浙江建设职业技术学院 2005 届学生林一平，指导教师：竺越、邱国保）

2）健身中心

包括美容、桑拿中心、健身房等，色调典雅、大方，体现档次（图 7-15）。

3）运动中心

包括保龄球、台球、游泳池等，充分考虑运动设备和运动空间的尺度，配备休息空间（图 7-16）。

（5）会务空间的室内设计

充分考虑位置的间距，有投影等多媒体设备，材料考虑吸声。

1）大会议室

可设主席台，根据人数设置多个入口。还要考虑等候人员的活动及休息空间（图 7-17）。

2）中会议室

设置两个入口，可分有主座和次座（图 7-18）。

3）小会议室

这类设计风格气氛上可相对活跃（图 7-19）。

图 7-19　某宾馆的小会议室（图片来源：同图 7-8）

7.2 宾馆设计类毕业设计的具体任务

宾馆设计类毕业设计的具体要求是根据毕业设计的程序结合宾馆设计的程序来具体确定的。

7.2.1 接题与准备

接受毕业设计任务书、接受教师的毕业设计指导、实习准备、经验准备、题目准备、参考文献准备。

7.2.2 选题与调研

确定题目、确定设计对象、进行系列调研、确定设计重点、研读参考文献。

7.2.3 开题

撰写文献综述、提交开题报告。开题报告需要得到指导教师的确认。

7.2.4 探索与设计

执行宾馆室内设计从初步方案到施工图设计的简单流程。

7.2.5 作品提交与展示

打印、装帧并设计文本、展览展示设计作品。

7.2.6 答辩

汇报设计过程、设计结果及设计收获、回答答辩专家提出的设计问题。

7.3 准备阶段需要完成的任务及要求

7.3.1 参观调查，收集资料

调查研究，参观实际案例，阅读大量资料是设计准备阶段的第一任务，很好的完成这一任务，可使后来完成毕业设计事半功倍。

（1）宾馆实例调研

由于宾馆的一些空间不是学生通常可以接触到的，因此，对宾馆的认识并不全面，可以通过对各个种类，相近级别宾馆的调查研究，完成前期分析，了解宾馆设计的功能要求、对风格意向、投入水平、选用材料、采光照明、家具、设备等有一个清晰的判断。

为进一步定位好设计主题，也可以对宾馆调研设计进行表格分析。如，设计风格调研、消费动机调查（表 7–1、表 7–2）。

当今流行的设计风格调查表　　　　表7–1

地　点	名　称	星　级	风　格	类　型
南通	有斐大酒店	五星级	欧式风格	商务酒店
海南	前沿索菲特大酒店	五星级	新中式风格	商务酒店
海南	喜来登大酒店	五星级	南洋风格	度假酒店
杭州	世贸中心	五星级	简约风格	商务酒店
杭州	黄龙饭店	四星级	新中式风格	商务酒店
杭州	华侨饭店	三星级	新古典风格	商务酒店
杭州	百合花饭店	三星级	新简约风格	商务酒店
上海	新梅万豪行政公寓	四星级	新古典风格	公寓酒店
上海	君悦大酒店	五星级	简约风格	商务酒店

消费动机调查表（案例）　　　　表7–2

评估内容	消费动机
娱乐空间	摆脱束缚的需求（生活累，工作枯燥。为情所困等需要摆脱一下原来的环境）
	显示身份地位的需求（在消费的时候往往只在意酒店的档次，是否能满足自己显示地位和身份的需求，或为了招待重要客人）
	得到尊重的需求
	娱乐的需求（长期的工作劳累，上班，下班以及永远干不完的家务活，使人感到无聊和疲惫）
	社会交往的需求（交朋友或是谈生意，或者三五成群的知己朋友，搞周末小沙龙聚会）
餐饮空间	求名的动机（通过高消费来显示自己，为了炫耀和扬名）
	健康的动机
	求吃的动机（追求物美价廉的各种美味）
	求奇动机（因为好奇而想来想消费，比如餐厅组织的活动）
	求往的动机（追求社会交往，希望结识趣味相同的朋友）

（2）收集参考资料

寻找与宾馆毕业设计课题有关的图片资料，包括网络上和书本上的方案图、效果图以及工程实例照片，拓宽思路。这个工作很重要，也是一个很实用很有效的研究方法。通过阅读大量的图片，掌握业界的国内外最新动向和最新发展。这对时尚色彩很浓的宾馆设计特别重要。阅读时要随时做笔记、图录，把经典的观点、图样摘录下来。同时也要把阅读参考文献时激发出来的创意火花及时记录下来。

（3）阅读参考文献

有针对性地搜寻阅读一些参考文献，从这些文献中寻找一些启发，加深理论基础。参考文献的阅读面要广，最好涉及古今中外；选择的文献要权威，刊物（著作、网站）要权威，作者要权威；阅读的焦点要集中在自己探索的课题上。这样才会得到有效的帮助。查阅有关宾馆设计的规范与星级的划分与评定。参考附录1 旅游涉外饭店星级的划分与评定（二～四星级）。

7.3.2 明确主题 确立理念

毕业设计需要有主题，有好的主题就等于有了一个好的设计方向和正确的设计路线，毕业设计除了把宾馆装饰的美观实用，也对自己的设计有一定的研究，提高理论性。

(1) 主题的要求

1) 主题鲜明，重点突出

主题要尽可能地鲜明，重点要尽可能地突出，主题和重点还要有吸引力。

2) 展示个性，角度新颖

设计题目选取角度一定要讲究新颖，把握时尚。毕业设计的主题应该大胆的突破，改变常规，出奇制胜。作为真题假做的毕业设计，可以在追求实际的基础上体现设计者的个性。

3) 体现文化内涵

设计主题选择要有内涵，文化是宾馆设计的灵魂，宾馆文化越来越受到人们的认同，创造独具特色的宾馆文化将成为品牌优势的基础。文化作为一种社会现象，文化的发展有历史的集成，同时又有民族性、地域性。因此宾馆设计要根据国家环境等理念不同演示出不同的文化。

4) 深度适宜，适合本层次学生探索

高职高专的学生选取的题目要适合自己的学术层次，既不能太深、也不能太浅。以三星以下为宜。四、五星级的宾馆设计，题目太大，内容涉及面过广过深；有些单做宾馆标准房设计，题目太小，也不宜作为毕业设计的题目。

(2) 当前中国宾馆装饰设计的现状

1) 大批宾馆设计千篇一律，缺乏特色和创意

在中国各大城市众多的星级宾馆，无论是宾馆规划、建筑设计、功能布局还是室内风格、手法、材料乃至客房的样式都惊人的相似，导致经营疲软，竞争无力，给国家和投资方造成大量的损失。这其中的原因，有的是设计师缺乏经验，如交通流线组织不合理；或者重视前台，轻后台；也有的是室内设计师不负责任的“拿来主义”。其实，每个宾馆因为所处的城市、地区，当地人文及生态环境的不同，业主投资以及宾馆经营或管理公司不同，市场定位的不同，宾馆完全应有不同的气质和特色。在国外的发达国家，一个宾馆从立项到建成一般要三至五年时间，通常一开始业主就会和建筑设计、宾馆设计专业公司，宾馆管理公司作市场的分析和定位，而设计师必须深刻了解该宾馆的市场定位，深刻地研究如何创造宾馆的形象并使其功能全面合理化。最终才能成功造就一个宾馆。因此，室内设计要坚决反对抄袭之风，真正地根据每个宾馆不同的要素，创造出各自的特色和形象来。

2) 室内设计重视墙面装饰，而灯具、家具、艺术陈设却苍白无力

这个问题在国内众多宾馆中是个普通现象。宾馆这个特定建筑围合的空间，它不仅要满足人们住宿、餐饮的要求，还要满足会议、商务、娱乐、健身诸多方面的需求。它不仅是功能上的，还是精神上的，要让客人在入驻宾馆的同时，经历文化的感染和艺术的熏陶，无论商务还是度假，都有一种惊喜的体验，而这种经历的来源除空间的装饰处理外，就是宾馆中精致的灯具，时尚的家具和丰富的艺术陈设了。宾馆空间不同于其他公共建筑，它一定是有个特定氛围的：从色彩、灯光到布艺的肌理，水杯的款式都要求十分考究。国内大多数中档宾馆从大堂到客房甚至次要的消防通道一律的大量石材装饰，满墙的高档材料，装修界面极为奢华，但是家具、灯具和工艺品都极为低劣，这样的宾馆谈何"氛围"，客人哪里还能宾至如归。因此，设计师们一定要合理的控制造价，突出重点，帮助业主在硬装饰和软装饰方面合理调配，有的放矢，用有限的资金创造最佳的艺术效果。

3）国内很多设计师不重视客房设计

其实客人入驻宾馆，大部分时间是在客房度过，面对生活水准和鉴赏力都日渐提高的客人，国内大多数宾馆客房无论从功能、面积、户型到客房中家具的款式、布艺、地毯的颜色，甚至在酒柜、衣柜的做法上都惊人的相似，不同的客人有不同的需求，首先商务客人有技术需求：宽带网、电子邮件、移动电话、手提电脑，这些都需要设计师把这些功能加以布置；再者，床是至关重要的，这是客人在房间里使用最长时间的地方，一定要大而且质量要高；其次，浴室、淋浴、浴缸、洗脸盆和坐便器，而且最好做到干湿分区，这样，一个双人标间里，两人就不会有同时上卫生间的尴尬了。

客房是宾馆创造效益的主要部分，客房设计不是一件容易的事，其设计要最大限度体现对客人的关怀，因为客人对客房的要求远比对大堂、餐厅的要求更细。客房设计不好、不精、不方便，不仅对客人不好，也会降低宾馆的档次。客人入驻宾馆支付了许多钱，设计师一定要有创意，客房里的颜色、款式、灯具、家具、艺术陈设最好使用客人未曾见过的。努力带给客人一个惊喜。比如，一个意想不到的别致的电视柜，一个软软的舒适的休息沙发，一组精美的大枕头，甚至一组插花，一个精巧的小书架。因此让客人感到惊喜的，富于异国情调或是某种历史、地域文化的创意，以及那些细致的，使用新材料、新工艺、新技术的设计，无论是空间造型，色彩组织，还是灯具、家私和艺术小品、五金制品，只要是打破常规富于创新的，客房的魅力价值就会极大地发现，宾馆也就会富有特色和倍受赞誉。

4）先进的思想、方法和技术不断发展

时至今日，中国最大型最高档次的宾馆被国外著名设计公司垄断，这些世界级的大师以及大批留学归国的学子带来了先进的思想、方法和技术，为中国宾馆设计作出了贡献，也使我们看到了努力和前进的方向。中国本土设计师已经从20世纪90年代开始从模仿和抄袭阶段成熟起来，开始引用创新理念，不断探索和创作出主题新颖、文化内涵丰富、风格手法独特，带有明显地域特点和东方文化的优秀作品。尤其是近年，一些有思想的设计师开始研究自己的母体文化，探索着一条有中国特色的新民族主义道路。比如西安的唐城宾馆改造工程，常州大酒店的设计，设计师均有较为独特的见解和创新。同时，我们还应该清醒地认识到，中国宾馆自己的设计水平与世界发达国家的设计水平还有很大差距，我们很多设计师设计时还缺乏创新意识，缺乏文化底蕴。

（3）中国宾馆室内设计的发展趋势

1）从单一商务宾馆向会议宾馆、公寓宾馆、主题宾馆和休闲度假宾馆多元发展。

随着综合国力的增强以及华夏大地东西南北丰富的民俗和旅游资源的开发，在近 20 年城市商务宾馆发展的高峰期后，在今后的数十年中。势必迎来会议宾馆、主题宾馆尤其是休闲度假宾馆的发展良机，这些宾馆无论是选地规划还是功能分布均与城市商务宾馆不尽相同。客人们不懂要求此类宾馆不仅仅是要有健身、休闲娱乐活动等设施，还关心对食物的选择及各种旅游项目的安排，他们要求宾馆所处的景区应有鲜明的特色，丰富的历史文化内涵。而会议宾馆既要安排会议中心还要有不同中、小型会议室，另外根据会议中心所接待的人员数，安排好会议就餐的大、中型餐厅以及配套设施。

2）环保、绿色，可持续的具有民族和地域特色的设计，将是未来中国宾馆设计发展的方向。

在风格多样、百花争艳的同时将最终形成自己的新民族特色。宾馆设计应高举环保、绿色和可持续发展的大旗，坚持吸收本地、本民族和民俗的母体文化。使宾馆体现出一种独特的文化个性，从而确定每个宾馆各自的形象。因此，宾馆设计师要研究项目所在地“文化”，包括地域文化、民族文化、历史文脉，在最初方案设计中如能准确、合理地定位好宾馆的文化内涵，宾馆就具有了深厚的文化底蕴和无穷的魅力，从而带给客人的享受不仅仅是生理上，还有情绪上的，并且是心灵上的。

3）在注重本土文化的同时，风格日趋现代、简约和时尚。

建筑与室内设计走到今天有太多的风格和主义。世界宾馆设计的潮流经过剧烈的震荡或超越后，再次迎得了新的平衡。宾馆设计师也将新古典和欧陆风琐碎的装饰抛在一边。去繁从简，以清洁现代的手法隐含复杂精巧的结构，在简约明快干净的建筑空间里发展精美绝伦的家私、灯具和艺术陈设。要让宾馆保持时尚，宾馆设计师要独立创新和标新立异。这是一个长期而永不间断的工作。设计师要有新思想、新创意，这种对新技术和时尚的追求才会使宾馆生命之树常青。

（4）建议的选题角度

宾馆设计的主题可以有很多选取的角度，这些角度都很有研究探索的空间，下面例举若干主题，可以供大家参考（表 7–3）。

宾馆类设计参考选题　　表 7–3

主题类型	主题内容
时尚研究类主题	精品宾馆
	宾馆主题设计，以冰为主题、材料
	"如家" 等经济型宾馆
	半开畅卫生间设计
功能设计类主题	旅游宾馆
	汽车宾馆
	会议宾馆
	疗养宾馆
	体育宾馆
环境类主题	市中心宾馆
	海滨宾馆
	矿泉宾馆
	游乐场宾馆
风格类主题	现代风格
	古典风格
	新古典风格
	中式风格
	新中式风格

(5) 开题报告

有了好的题目，确定了设计的重点，撰写开题报告。开题报告的撰写参照第 2 章第 4、5 节。

7.4　设计环节需要完成的任务及要求

7.4.1　初步设计阶段

初步设计环节的核心任务是：根据宾馆的情况和任务书的要求，确定设计理念和设计风格，对宾馆空间进行合理科学的功能安排——平面布局，也叫平面设计。根据确定好的平面进一步进行顶平面和立面设计。根据星级要求确定主要材料，绘制效果图。

(1) 展开设计

1) 平面设计

第一步是设计平面图。总平面图是初步设计中的核心图纸。也是客户最关心的图纸。在这张图里表明设计师对空间的格局布置、交通流线、设施的配置、家具的平面形态和布局、陈设的点缀等宾馆设计的关键信息。在平面图里可以充分体现设计师的设计功力。平面图在技术上要包含下列信息：

A. 经过设计改造的建筑平面的形状和尺寸；

B. 房屋的朝向方位，如果没有说明就是默认的上北下南；

C. 多层的房屋要表明楼层信息和标高；

D. 交通的组织和楼梯上下的位置；

E. 房间的分割和尺寸；

F. 房间功能的分配；

G. 功能区域及空间分割；

H. 家具和其他生活如卫生洁具、厨房设备等设施平面形态和布局；

I. 门窗的大小和开启方向；

J. 地面标高的变化；

K. 地面材料的名称和规格；

L. 表明相关的色彩；

M. 与打印图面相适应的合理的比例尺度；

N. 必要的文字说明；

O. 图签。

2）顶平面设计

在平面设计图的基础上进行顶平面设计。顶平面设计根据平面确定的房间划分和功能区域划分，针对每个空间进行独立或有联系的顶平面设计。顶平面设计要充分考虑顶和梁的高度，以及空调等设备的空间。造型设计要考虑服务台等重要位置的突显，与平面有一定的呼应。灯光设计参见附录 2《民用建筑电器设计规范》GBJ/T 16—97。顶平面图在技术上要包含下列信息：

A. 与平面相对应的建筑顶平面图；

B. 经过设计改造的建筑顶平面的形状和尺寸；

C. 顶面的标高；

D. 灯光的位置；

E. 灯光的类型；

F. 空调出、入风口，烟感、喷淋，音响等的位置。

G. 与打印图面相适应的合理的比例尺度；

H. 必要的文字说明；

I. 图签。

3）立面设计

在平面、顶平面设计图的基础上进行立面设计。立面是主要体现设计风格、造型的图纸。要求公共空间部分设计风格、色调、材料统一。

立面图在技术上要包含下列信息：

A. 与平面，顶平面相对应的空间关系；

B. 经过设计家具、界面立面的形状和尺寸；

C. 主要的材料标注；

D. 与打印图面相适应的合理的比例尺度；

E. 必要的文字说明；

F. 图签。

平面、顶平面、立图的表现在艺术上要注意线形的层次，房屋建筑的轮廓和内部家具陈设及填充等要有明显的区别，线条上要注意疏密变化。

4）效果图设计

除了平、立面图以外，主要空间还需要设计效果图。

设计师一般选择业主最关心的部位和自己的设计亮点部位绘制效果图。由于效果图能更加直观的体现设计效果，而且许多甲方并不是专业人士，因此他们的对效果图关注有时更胜于其他图纸。所以绘制效果图是优秀室内设计师应有的能力。

效果图可以手绘，也可以用电脑设计程序制作。绘制电脑效果图有专用的软件，如 3DMAX 和 PHOTOSHOP。电脑效果图可以表现逼真的空间效果和材质，模拟宾馆完成以后的真实效果，很受业主的喜欢。

手绘效果图一般采用麦克笔或钢笔淡彩、彩色铅笔等快速表现工具来表现。在艺术上重点表现亮点部位的设计构造、家具陈设形态、色彩关系等形成的宜人的家庭氛围及设计师洋洋洒洒的笔法。对材质等表达只求神似。手绘效果图要特别注意虚实结合、收放自如、一气呵成。

效果图的角度选取非常重要，不必面面俱到，但一定要把设计的亮点表达出来。

（2）沟通修改

教师对学生作业进行指导。一般业主评估的重点是：设计理念是否符合现代宾馆设计的趋势；总体布局是否符合任务书的要求；功能是否满足的使用要求；交通流线是否流畅；设备配置是否得当；经济档次是否符星级标准等；更高要求还要评估设计有没有创新，有没有设计亮点等。

设计沟通是设计师必须练就的基本功。有的学生虽然图纸不多，但却思路清晰，思维活跃，将图纸不清晰的地方解释的清清楚楚；有的学生却对着图纸完全说不出话来。作为教师应鼓励、诱导学生尽力表达自己的设计理念，但也要控制学生盲目的辩解，这对于学生走上社会，与甲方设计沟通有很大的现实意义。

（3）确定初步设计

在与指导老师沟通交流后，确定要修改的内容，修改平面、顶平面、立面图。这里，我们不要求学生毫无主见，一味盲从，而要认识到设计的不足之处，且保留自己的设计特色。

7.4.2 深入设计阶段

（1）扩初设计阶段

扩初设计阶段的核心任务：根据国家制图规范，深化初步设计。把各个空间、各个部位的造型、材料、色彩详尽地交代清楚。

（2）施工图设计阶段

对高职高专的学生来说，由于学习的深度欠缺和毕业设计时间的限制，只能进行简单的施工图设计，因此施工图设计阶段的核心任务：表达主要空间、主要设计的施工构造。

绘制施工图的应注意：

1）设计规范　设计师的所有设计要求都必须符合国家的法律、法规、标准、条例、办法，这些文件有的是强制性的，例如《建筑内部装修设计防火规范》GB 50222—2001、《建筑装饰装修工程质量验收规范》GB 50210—2001、《民用建筑工程室内环境污染控制规范》GB 50325—2001 等。它们不仅是设计师的设计依据，也是设计师需要坚决执行的。

2）职责明确　国家没有授权室内设计师从事建筑承重结构的设计。如果在设计中要涉及这些问题，室内设计师就要提请有设计资质的专业部门和技术人员来执行。千万不能擅自处理。对专业的机械、电、空调、消防等专项设计，室内设计师的职责是配合而不是设计。

3）表达清楚　目前国家尚无装饰制图统一标准。只有上海市在 2004 年 5 月 1 日实施了《上海市室内装饰行业标准室内装饰设计规范》，但国家的《房屋建筑制图统一标准》GB/T 50001—2001 及《建筑制图标准》GB/T 50104—2001 可以作为我们的主要参考。线形、字体、比例、剖切符号、索引符号、详图符号、引出线、定位轴线及尺寸标注要求和对楼梯、坡道、空洞等图例均按照这两个标准的规定执行。对一些新出现的内容则可参照国外室内制图的图例，结合所在公司的实际情况编制公司统一的图例。对各种常用的图框图标、文字、图例、符号均制作样图必须统一，从而控制施工图的质量。

（3）撰写设计说明

宾馆设计的设计说明主要包括以下几个部分：

1）设计依据

宾馆设计是目的性很强的设计，因此依据必须正确。如果依据错误，那么以后的设计就会失去意义。宾馆设计的依据重点是业主要求即任务书的要求，其次是国家或地方对宾馆的管理文件，然后是宾馆设计的施工规范。宾馆设计也是围绕着这些设计依据展开的。设计说明应该把这些重要的信息交代清楚。

2）设计理念

这里将自己的设计风格，设计特色，装饰的主要材料交代清楚。由于涉及面多，可按空间的次序依次写清楚。

3）施工说明

交代设计构造的主要问题和做法。

7.5　毕业设计后续环节

指导教师批准设计之后就进入图纸打印、文本装订、展板设计、答辩准备及毕业答辩阶段，各个阶段的具体要求见本书第 2 章～第 4 章。

本章附录 1：旅游涉外饭店星级的划分与评定（节选二～三星级）

6. 星级划分条件

6.2　二星级

6.2.1　饭店布局基本合理，方便客人在饭店内的正常活动。

6.2.2　饭店内公共住处图形符合 LB/T001。

6.2.3　根据当地气候，有采暖、制冷设备，各区域通风良好。

6.2.4　前厅

a. 有与饭店规模、星级相适应的前厅和总服务台；

b. 总服务台有中、英文标志，24h 有工作人员在岗，提供接待、问询和结帐服务；

c. 提供留言服务；

d. 定时提供外币兑换服务；

e. 总服务台提供饭店服务项目宣传品、饭店价目表、市交通图、本市旅游景点介绍、各种交通工具时刻表、与住客客人相适应的报刊；

f. 能接受国内客房、餐饮预订；

g. 有可供客人自行开启的贵重物品保险箱；

h. 有供客人使用的行李推车，必要时提供行李服务。有小件行李存放服务；

i. 设值班经理，16h 接待客人；

j. 设客人休息场所；

k. 能用英语提供服务。各种指示用和服务用文字至少用中英文同时表示；

l. 总机话务员能用英语为客人提供电话服务。

6.2.5　客房

a. 至少有 29 间（套）可供出租的客房；

b. 装修良好，有软垫床、桌、椅、床头柜等配套家具，照明充足；

c. 有卫生间，装有抽水恭桶、面盆、梳妆镜、沐浴或浴缸，配有浴帘。采取有效的防滑措施。24h 供应冷水，18h 供应热水；

d. 有电话，可通过总机拨通国内与国际长途电话。电话机旁备有使用说明；

e. 有彩色电视机；

f. 具备防噪声及隔声措施；

g. 有遮光窗帘；

h. 有与饭店本身星级相适应的文具用品。有饭店服务指南、价目表、住宿规章、本市交通图和旅游景点介绍；

i. 客房、卫生间每天全面整理 1 次，每日更换床单及枕套；

j. 24h 提供冷热饮用水。

k. 提供一般洗衣服务；

l. 应客人要求提供送餐服务。

6.2.6　餐厅及酒吧

a. 总餐位数与客房接待能力相适应；

b. 有中餐厅，能提供中餐。晚餐结束客人点菜时间不早于20时；

c. 有咖啡厅（简易西餐厅），能提供西式早餐。咖啡厅（或有一餐厅）营业时间不少于12h并有明确的营业时间；

d. 有能够提供酒吧服务的设施；

e. 餐厅主管、领班能用英语服务。

6.2.7　厨房

a. 位置合理；

b. 墙面满铺瓷砖，用防滑材料满铺地面，有吊顶；

c. 冷菜间、面点间独立分离，有足够的冷气设备。冷菜间内有空气消毒设施；

d. 粗加工间与操作间隔离，操作间温度适宜，冷气供给应比客房更为充足；

e. 有足够的冷库；

f. 洗碗间位置合理；

g. 有专门放置临时垃圾的设施并保持其封闭；

h. 厨房与餐厅之间，有起隔声、隔热和隔气味作用的进出分开的弹簧门；

i. 采取有效的消杀蚊蝇、蟑螂等虫害措施。

6.2.8　公共区域

a. 提供回车线或停车场；

b. 4层（含）以上的楼房有客用电梯；

c. 有公用电话，并配备市内电话簿；

d. 有男女分设的公共卫生间；

e. 有商场，出售旅行日常用品；

f. 代售邮票，代发信件；

g. 有应急照明灯。

6.3　三星级

6.3.1　饭店布局合理，外观具有一定的特色。

6.3.2　饭店内公共住处图形符合LB/T001。

6.3.3　有空调设施，各区域通风良好。

6.3.4　有与饭店星级相适应的计算机管理系统。

6.3.5　前厅

a. 有与接待能力相适应的前厅。内装修美观别致。有与饭店规模、星级相适应的总服务台；

b. 总服务台有中英文标志，分区段设置接待、问讯、结帐，24h有工作人员在岗；

c. 提供留言服务；

d. 提供一次性总帐单结帐服务（商品除外）；

e. 提供信用卡服务；

f.12h 提供外币兑换服务；

g. 总服务台提供饭店服务项目宣传品，饭店价目表，中英文本市交通图，全国旅游交通图，本市和全国旅游景点介绍、各种交通工具时刻表、与住店客人相适应的报刊；

h. 有完整的预订系统，可接受国内和国际客房和国内餐馆预订；

i. 有饭店和客人同时开启的贵重物品和保险箱。保险箱位置安全、隐蔽，能够保护客人的隐私；

j. 设门卫应接员，16h 迎送客人；

k. 设专职行李员，有专用行李车，18h 为客人提供行李服务。有小件行李存放处；

l. 设值班经理，24h 接待客人；

m. 设大堂经理，18h 在前厅服务；

n. 在非经营区设客人休息场所；

o. 提供店内寻人服务；

p. 提供代客预订和安排出租汽车服务；

q. 门厅及主要公共区域有残疾人出入坡道，配备轮椅。有残疾人专用卫生间或厕位，能为残疾人提供特殊服务；

r. 能用英语服务。各种指示用和服务用文字至少用中英文同时表示；

s. 总机话务员至少能用两种外语（英语为必备语种）为客人提供电话服务。

6.3.6　客房

a. 至少有 40 间（套）可供出租的客房；

b. 房间面积宽敞；

c. 装修良好、美观，有软垫床、梳妆台或写字台、衣橱及衣裳架、座椅或简易沙发、床头柜、床头灯及行李架等配套家具。室内满铺地毯，或为木地板。室内采用区域照明且目的物照明度良好；

d. 有卫生间，装有抽水恭桶、梳妆台（配备面盆、梳妆镜）、浴缸并带淋浴喷头（有单独淋浴间的可不带淋浴喷头），配有浴帘、晾衣绳。采取有效的防滑措施。卫生间采用较高级建筑材料装修地面、墙面，色调柔和，目的物照明度良好。有良好的排风系统或排风器、110/220V 电源插座。24h 供应冷热水；

e. 有可直接拨通国内与国际长途电话。电话机旁备有使用说明及市内电话簿；

f. 有彩色电视机、音响设备，并有闭路电视演播系统。播放频道不少于 16 个，其中有卫星电视节目或自办节目，备有频道指示说明和节目单。播放内容应符合中国政府规定。自办节目至少有两个频道，每日不少于两次播放，晚间结束播放时间不早于 0 时；

g. 具备有效的防噪声及隔声措施；

h. 有遮光窗帘；

i. 有单人间；

j. 有套房；

k. 有残疾人客房，该房间内设备能满足残疾人生活起居的一般要求；

l. 有与饭店本身星级相适应的文具用品。有饭店服务指南、价目表、住宿规章、本市旅游景点介绍、本市旅游交通图、与住店客人相应的报刊；

m. 客房、卫生间每天全面整理 1 次，每日更换床单及枕套，客用品和消耗品补充齐全；

n. 提供开夜床服务，放置晚安卡；

o. 24h 提供冷热饮用水及冰块并免费提供茶叶或咖啡；

p. 客房内一般要有微型酒吧（包括小冰镇），提供适量饮料，并在适当位置放置烈性酒，备有饮酒器具和酒单；

q. 客人在房间会客，可应要求提供加椅和茶水服务；

r. 提供叫醒服务；

s. 提供留言服务；

t. 提供衣装干洗，湿洗和熨烫服务；

u. 有送餐菜单和饮料单，18h 提供中西式早餐或便餐送餐服务，有可挂置门外的送餐牌；

v. 提供擦鞋服务。

6.3.7　餐厅及酒吧

a. 总餐位数与客房接待能力相适应；

b. 有中餐厅。晚餐结束客人点菜时间不早于 21 时；

c. 有咖啡厅（简易西餐厅），能提供自助早餐、西式正餐。咖啡厅（或有一餐厅）营业时间不少于 16h 并有明确的营业时间；

d. 有适量的宴会单间或小宴会厅。能提供中西式宴会服务；

e. 有独立封闭式的酒吧；

f. 餐厅及酒吧的主管、领班和服务员能用流利的英语提供服务。

6.3.8　厨房

a. 位置合理；

b. 墙面满铺瓷砖，用防滑材料满铺地面，有吊顶；

c. 冷菜间、面点间独立分离，有足够的冷气设备。冷菜间内有空气消毒设施；

d. 粗加工间与操作间隔离，操作间温度适宜，冷气供给应比客房更为充足；

e. 有足够的冷库；

f. 洗碗间位置合理；

g. 有专门放置临时垃圾的设施并保持其封闭；

h. 厨房与餐厅之间，有起隔声、隔热和隔气味作用的进出分开的弹簧门；

i. 采取有效的消杀蚊蝇、蟑螂等虫害措施。

6.3.9　公共区域

a. 提供回车线或停车场；

b.3 层（含）以上的楼房有足够的客用电梯；

c. 有公用电话，并配备市内电话簿；

d. 有男女分设的公共卫生间；

e. 有小商场，出售旅行日常用品、旅游纪念品、工艺品等商品；

f. 代售邮票，代发信件，办理电报、传真、复印、国际长途电话、国内行李托运、冲洗胶卷等；

g. 必要时为客人提供就医方便；

h. 有应急供电专用线和应急照明灯。

6.3.10　选择项目（共 79 项，至少具备 11 项）

6.3.10.1　客房（10 项）

a. 客房内可通过视听设备提供帐单等的可视性查询服务，提供语音信箱服务；

b. 卫生间有饮用水系统；

c. 不少于 50% 的客房卫生间淋浴与浴缸分设；

d. 不少于 50% 的客房卫生间干湿区分开（有独立的化妆间）

e. 所有套房分设供主人和来访客人使用的卫生间；

f. 设商务楼层，可在楼层办理入住登记及离店手续，楼层有供客人使用的商务中心及休息场所；

g. 商务楼层的客房内有收发传真或电子邮件的设备；

h. 为客人提供免费内无线寻呼服务；

i.24h 提供洗衣加急服务；

j. 委托代办服务（金钥匙服务）。

6.3.10.2　餐厅及酒吧（9 项）

a. 有大堂酒吧；

b. 有专业性茶室；

c. 有布局合理、装饰豪华、格调高雅的西餐厅，配有专门的西餐厨房；

d. 有除西餐厅以外的其他外国餐厅，配有专门的厨房；

e. 有饼屋；

f. 有风味餐厅；

g. 有至少容纳 200 人正式宴会的大宴会厅，配有专门的宴会厨房；

h. 有至少 10 个不同风味的餐厅（大小宴会厅除外）；

i. 有 24h 营业的餐厅。

6.3.10.3　商务设施及设备（5 项）

a. 提供国际互联网服务，传输速度不小于 64kbit/s；

b. 封闭的电话间（至少 2 个）；

c. 洽谈室（至少容纳 10 人）；

d. 提供笔译、口译和专职秘书服务；

e. 图书馆（至少有 1000 册图书）。

6.3.10.4　会议设施（10 项）

a. 有至少容纳 200 人会议的专用会议厅，配有衣帽间；

b. 至少配有 2 个小会议室；

c. 同声传译设施（至少 4 种语言）；

d. 有电话会议设施；

e. 有现场视音频转播系统；

f. 有供出租的电脑及电脑投影仪、普通胶片投影仪、幻灯机、录像机、文件粉碎机；

g. 有专门的复印室，配备足够的复印机设备；

h. 有现代化电子印刷及装订设备；

i. 有照相胶卷冲印室；

j. 有至少 5000 平方米的展览厅。

6.3.10.5　公共及健康娱乐设施（42 项）

a. 歌舞厅；

b. 卡拉 OK 厅或 KTV 房（至少 4 间）；

c. 游戏机室；

d. 棋牌室；

e. 影剧场；

f. 定期歌舞表演；

g. 多功能厅，能提供会议、冷餐会、酒会等服务及兼作歌厅、舞厅；

h. 健身房；

i. 按摩室；

j. 桑拿浴；

k. 蒸汽浴；

l. 冲浪浴；

m. 日光浴室；

n. 室内游泳池（水面面积至少 $40m^2$）；

o. 室外游泳池（水面面积至少 $100m^2$）；

p. 网球场；

q. 保龄球室（至少 4 道）；

r. 攀岩练习室；

s. 壁球室；

t. 桌球室；

u. 多功能综合健身按摩器；

v. 电子模拟高尔夫球场；

w. 高尔夫球练习场；

x. 高尔夫球场（至少 9 洞）；

y. 赛车场；

z. 公园；

aa. 跑马场；

ab. 射击场；

ac. 射箭场；

ad. 实战模拟游艺场；

ae. 乒乓球室；

af. 溜冰场；

ag. 室外滑雪场；

ah. 自用海滨浴场；

ai. 潜水；

aj. 海上冲浪；

ak. 钓鱼；

al. 美容美发室；

am. 精品店；

an. 独立的书店；

ao. 独立的鲜花店；

ap. 婴儿看护及儿童娱乐室。

6.3.10.6　安全设施（3 项）

a. 电子卡门锁；

b. 客房贵重物品保险箱；

c. 自备发电系统。

本章附录 2：旅馆电器照明设计

条文参见《民用建筑电器设计规范》JGJ/T 1692

1. 1–3 级旅馆照明宜选用显色性好的白炽灯，低压卤钨灯和稀土节能荧光灯光源，4 级及以下旅馆可选用荧光灯光源。

2. 门厅照明应提高垂直照度，并宜随室内照度（受天然光影响）的变化而调节灯光或采用分路控制方式。门厅照明应满足客人阅读报刊所需要的照度要求。

3. 旅馆内建筑艺术装饰品的照度选择可根据下述原则：当装饰材料的反射系数大于 80% 时，为 300Lx（勒克斯）；当反射系数在 50% ~ 80% 时，为 300 ~ 750Lx（勒克斯）。

4. 大宴会厅照明应采用调光方式，同时宜设置小型演出用的可自由升降的灯光吊杆，灯光控制应在厅内和灯光控制室两地操作。

5. 设有舞池的多功能厅，宜在舞池内设置宇宙灯，旋转效果灯，频闪灯等现代舞用灯光及镜面反射球。舞池灯光宜采用计算机控制的声光控制系统，并可与任何调光器配套连机使用。

6. 设有红外线同声传译系统的多功能厅照明，当采用热辐射光源时，其照度不宜大于 500Lx（勒克斯）。

7. 酒吧、咖啡厅、茶室、牛排餐厅等照明设计，应采用低照度并可调光，在餐桌可以配以电烛型台灯，但在收款处应提高区域一般照明的照度水平。

8. 屋顶旋转餐厅的照度，在观景时不宜低于 0.5Lx（勒克斯）。

9. 旅馆照明灯具宜选用下射灯。当厅室高度超过 4 米时宜配有大型建筑组合灯具。餐厅和多功能厅的布灯应结合建筑分隔使用的特点。

10. 等级标准高的客房可不设一般照明，客房床头照明宜采用调光方式，客房的通道上宜设有备用照明。

11. 客房照明应方式不舒适眩光和光幕反射，设置在写字台上的灯具亮度不应大于 510 坎德拉 /m^2，也不宜低于 170 坎德拉 /m^2。

12. 客房穿衣镜和卫生间化装镜的照明，其灯具应安装在视野立体角 60° 以外（即以水平视线与镜面相交的一点为中心，半径大于 300mm），灯具亮度不宜大于 2100 坎德拉 /m^2。当用照度计的光检测器贴靠在灯具上测量，其照度不宜大于 6500Lx（勒克斯）。邻近化妆镜的墙面反射系数不宜低于 50%。卫生间照明的控制宜设在卫生间门外。

13. 客房内插座宜选用两孔和三孔安全型双联面板。当卫生间内设有 220/110V 刮须插座时，插座内 220 伏电源侧应设有安全隔离变压器，或采用其他保证人身安全的措施。

14. 除额定电压为 220 伏以外的各种插座，应在插座面板上标刻电压等级或采用不同的插孔形式。

15. 卫生间如设置红外或远红外装置时，其功率不宜大于 300 瓦，并应配置 0 ~ 30 分钟定时开关。

16. 客房的进门处宜设有切断冰柜，通道灯以外的电源开关（面板上宜带有指示灯），或采用节能控制器。

17. 客房设有床头控制板时，在控制板上可设有电视机电源开关，音响选频及音量调节开关，风机盘管风速高低控制开关，客房灯，通道灯开关（可两地控制），床头照明灯调光开关，夜间照明灯开关等。有条件的可设置写字台台灯，沙发落地灯等开关。等级标准高的客房的夜间照明灯用开关宜选用可调光方式。

18. 客房各种插座及床头控制板用接线盒一般装在墙上；当隔音条件要求高且条件允许时，可安装在地面上。

19. 高档客房内的用电设备的配电回路，应装设有过，欠电压保护功能的漏电保护器。

20. 旅馆内的公共大厅，门厅，休息厅，大楼电梯厅，公共走道，客房层走道以及室外庭院等场所的照明，宜在服务台（总服务台或者相应层服务台）处进行集中遥控，但客房层走道照明就地亦可控制。健身房照明宜在男女服务间分别设置遥控开关。

21．旅馆的疏散楼梯间照明应与楼层层数的标志灯结合设计，并宜采用应急照明灯。

22．旅馆的休息厅、餐厅、茶室、咖啡厅、牛排餐厅等宜设有地面插座及灯光广告用插座，客房层走道应设有清扫用插座。

23．旅馆的潮湿房间如厨房，开水间，洗手间等处，应采用防潮型灯具。机房照明可采用荧光灯，布灯时应避免与管道的矛盾。

24．地球（保龄球）室照明应避免眩光，宜采用反射型白炽灯或者卤钨灯组成的光栅照明。光檐照明应垂直于球体滚动通道方向布置。每道光檐照明的间距宜在 3.5 ~ 4m。

25．高尔夫球模拟室可采用荧光灯组成的光檐照明并在房间四周设置。

26．室外球场或游泳池，宜设有正常照明，同时应设置杀虫灯（或杀虫器）。

27．地下车库入口处应设有适宜区照明。

旅馆建筑电器照明设计照度取值见下表：

旅馆建筑电器照明设计照度选取值 Lx（勒克斯）

照明场所		参考面及其高度	照度标准		
			低	中	高
客房	一般活动区	0.75m 水平面	20	30	50
	床　头	0.75m 水平面	50	75	100
	写字台	0.75m 水平面	100	150	200
	卫生间	0.75m 水平面	50	75	100
	会客间	0.75m 水平面	30	50	75
梳妆台		1.5m 高处垂直面	150	200	300
主餐厅，客房服务台，酒吧柜台		0.75m 水平面	50	75	100
西餐厅，酒吧间，咖啡厅，舞厅		0.75m 水平面	20	30	50
大宴会厅，总服务台，主餐厅柜台，外币兑换处		0.75m 水平面	150	200	300
门厅，休息厅		0.75m 水平面	75	100	150
理发		0.75m 水平面	100	150	200
美容		0.75m 水平面	200	300	500
邮电		0.75m 水平面	75	100	150
健身房，器械厅，蒸汽浴室，游泳池		0.75m 水平面	30	50	75
游艺厅		0.75m 水平面	50	75	100
台球		台面	150	200	300
保龄球		地面	100	150	200
厨房，洗衣房，小卖部		0.75m 水平面	100	150	200
食品准备，烹调，配餐		0.75m 水平面	200	300	500
小件寄存处		0.75m 水平面	30	50	75

第8章　办公设计类毕业设计指导书

8.1 办公设计类毕业设计的具体内容

8.1.1 办公空间设计的范围

(1) 办公空间设计的概念

办公空间室内设计的目的就是要为工作人员创造一个方便、舒适、高效、安全、环保的室内工作环境，通过办公环境质量的提高来提高员工的工作效率。办公类建筑装饰设计以办公建筑的内部空间为设计对象，办公建筑及其室内环境从使用性质来看，可以分为以下几种：

1) 行政办公

——各级机关、团体、事业单位等的办公楼；

2) 专业办公

——各种设计机构、科研部门、商业、贸易、金融、保险等行业的办公楼；

3) 综合办公

——含有公寓、商场、金融、餐饮娱乐设施等的办公楼。

办公类毕业设计一般受某单位委托，对该单位的办公场所进行设计，按照规模不同有大、中、小之分。

(2) 办公空间设计的范围

办公空间室内设计的范围包含很广，要综合考虑科学、技术、人文、艺术等诸多因素。

1) 科学因素

主要考虑办公空间设计对于办公绿色化、智能化，以及各种技术学科的综合应用水平。

2) 技术因素

主要是考虑实现办公空间设计方案的各种技术途径。如功能流线分析、建筑装饰构造、综合布线、各工种协调等问题。

3) 人文因素

主要考虑在办公空间中融入与使用者息息相关的企业文化、地方文化等各种传统文脉和现代精神。

4) 艺术因素

主要是现代办公空间中不但要考虑使用方面的要求，而且还要创造适合现代人审美的各种风格和特色，如个性化、风格化的室内设计。

在进行现代办公空间室内设计时，由于空间、时间、经济、地域的不同，不可能将所有的因素全部考虑在内，所以设计者要立意准确，抓住设计中的主要问题，才能设计出让各方满意的设计方案。

8.1.2 办公空间设计的内容

办公空间室内设计是建筑装饰设计公司工作的主要空间类型之一。从设计的角度可将设计内容分为：空间功能设计、艺术效果设计、技术保障设计。

（1）空间功能设计

办公类建筑各类用房按其功能性质划分，有以下几类：

1）办公用房

是为办公人员提供工作场所的核心部分，平面布局形式取决于办公楼本身的使用特点、管理体制、结构形式等，办公室的类型有：小单间办公室、大空间办公室、单元型办公室、公寓型办公室等，此外，还有绘图室、经理室、主管室等具有专业或专用性质的办公用房。

办公用房依据其开放程度可以分为四种类型：

A. 蜂巢型（hive）　属于典型的开放式办公空间，配置一律制式化，个人性极低，适合例行性工作，彼此互动较少，工作人员的自主性也较低，适用于电话行销、资料输入和一般行政作业；

B. 密室型（cell）　是密闭式工作空间的典型，工作属性为高度自主，而且不需要和同事进行太多互动，例如大部分的会计师、律师等专业人士的办公空间；

C. 鸡窝型（den）　一群团队在开放式空间共同工作，互动性高，但不见得属于高度自主性工作，例如设计师、保险处理和一些媒体工作；

D. 俱乐部型（club）　这类办公室适合必须独立工作、但也需要和同事频繁互动的工作。同事间是以共用办公桌的方式分享空间，没有一致的上下班时间，办公地点可能在顾客的办公室、可能在家里，也可能在出差的地点。广告公司、媒体、资讯公司和一部分的管理顾问公司都已经使用这种办公方式。

2）公共用房

为办公楼内外人际交往或内部人员聚会、展示等用房，如：会客室、接待室、各类会议室、阅读展示厅、多功能厅等。

3）服务用房

为办公楼提供资料、信息的收集、编制、交流、贮存等用房，如：资料室、档案室、文印室、电脑室、晒图室等。

4）附属设施用房

为办公楼工作人员提供生活及环境设施服务的用房，如：开水间、卫生间、电话交换机房、变配电间、空调机房、锅炉房以及员工餐厅等。

空间功能设计即确定空间划分，决定各类用房的空间组合。办公空间的布局、人流线路的设计，对办公人员的精神状态和工作效率有很大的影响。

（2）艺术效果设计

除了功能设计以外，艺术效果设计就是设计师发挥艺术设计专长，营造独特的空间艺术效果，表达设计文化的大舞台，在这个舞台上各个艺术设计的要素就像艺术的魔方一样可以展示无穷无尽的设计魅力。

1）室内平面设计

室内的平面布置，动线的规划（图 8–1）。

2）室内空间设计

室内的界面、构件的设计（图 8–2）。

3）室内环境设计

室内自然采光、通风、绿化、小品等方面的设计（图 8–3）。

4）室内色彩设计

室内界面色彩、室内家具色彩、环境色彩的设计与组合（图 8–4）。

5）室内照明设计与选型

室内电光源、灯具的选型，照明组合方式的设计（图 8–5）。

6）室内家具设计与选型

室内各种办公家具的设计与选型（图 8–6）。

7）室内软装饰设计与选型

室内的花艺、布艺、艺术品等饰品设计与组合（图 8–7）。

8）室内风格设计

运用文脉、历史、自然等设计元素完成个性化设计（图 8–8）。

（3）办公空间技术保障设计

在办公空间设计中可能遇到许多影响设计的各种技术问题，解决这些问题需要与有关技术人员进行协调，探讨方案的可行性。

1）协调土建

协调解决办公空间改建可能涉及的建筑结构等问题。

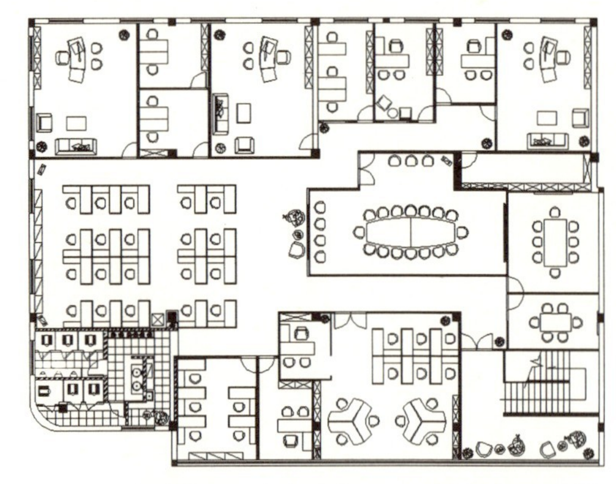

图 8–1　宁波嘉和公交广告有限公司平面布置图（作者：宁波工程学院装饰 04 级学生董佩璐，指导教师：陈立未）

图 8–2　宁波丽源尚都房产销售公司的界面效果（作者：宁波工程学院装饰 02 级学生陈卓，指导教师：刘超英）

图 8–3　宁波嘉和公交广告有限公司门厅效果（作者：宁波工程学院装饰 04 级学生董佩璐，指导教师：陈立未）

图 8–4　南裕公司会议室（作者：宁波工程学院装饰 02 级学生叶永娇，指导教师：刘超英）

图 8–5　思想馆（作者：宁波工程学院装饰 03 级学生王路静，指导教师：刘超英）

（左）图 8–6 某会议室设计（作者：黑龙江职业技术学院 03 级学生方启迪，指导教师：刘恒亚）

（右）图 8–7 某公司接待室软装饰设计（宁波工程学院装饰 03 级学生王路静，指导教师：刘超英）

2）协调给排水

协调解决办公空间中可能涉及的给排水管道、终端的改造等问题。

3）协调暖通

协调解决办公空间中可能涉及的中央空调设备及其标高等问题。

图 8–8 某公司会议室的个性化设计（设计：宁波工程学院装饰 04 级学生胡金俊，指导教师：刘超英）

4）协调强电

协调解决办公空间中可能涉及的改造电路及开关插座位置等问题。

5）协调消防

协调解决办公空间中可能涉及的自动报警、灭火系统、防排烟设备，防火门、防火卷帘和消火栓等问题。

6）协调集成智能系统

协调解决办公空间中可能涉及的大规模网络信息处理系统的综合布线等问题。

8.2 办公设计类毕业设计的具体任务

办公设计类毕业设计的具体任务是以根据毕业设计的程序结合办公空间设计的程序来具体确定的。

8.2.1 学生选题阶段

选择不同室内办公空间的设计内容，作为毕业设计题目的待选题目。学生可以根据自身的学习特点结合教师的指导选择毕业设计题目。

8.2.2 设计任务书阶段

根据已经确定的毕业设计题目下达给学生设计任务书，作为学生和指导教师共同从事毕业设计工作的依据。对于同一个办公空间的设计题目，明确每名学生的具体任务，并应使每名学生都有设计的侧重点。

8.2.3 开题报告阶段

(1) 选择参考文献

参考文献可选择下列资料：

1) 论文、教材、著作、期刊、资料集、工程图纸等各种文字资料。

2) 光盘、网络、录像等各种电子资料。

(2) 撰写文献综述

根据选择的主题对参考文献进行阅读，对本设计主题的国内外前沿动态进行述评，写出文献综述。

(3) 撰写开题报告

对于设计题目在国内外研究概况进行探讨，阐述本次设计的思想、方法、深度，以及预期的结果，进度安排等事宜。

8.2.4 收集资料阶段

收集资料工作包括意向调查、实地勘察、参考资料收集等工作内容。

8.2.5 完成设计阶段

制定详细的设计工作计划，按照装饰公司的设计方式完成设计任务。

8.2.6 整理出图阶段

完成设计方案的图纸编排工作，文本制作工作，出图工作。

8.2.7 设计答辩阶段

利用多媒体演示和文本讲解设计思想和设计重点内容，回答专家评委的问题。

8.3 准备阶段需要完成的任务及要求

学生选题阶段、设计任务书阶段是学生接受具体任务的阶段，在明确具体设计任务后，学生要进入准备阶段，并需要完成以下的任务及要求：办公业主情况调查、办公业主意向分析、原始房屋测量及套型分析。具体要求如下：

8.3.1 调研阶段

(1) 办公业主情况调查

办公类设计的业主是某单位、公司或机构，办公室内的设计直接影响到公司的形象、办公效率等，因此，在设计的准备阶段，一定要对办公业主的情况有一个全面的了解。下面是一份可以参考的办公业主情况调查表的案例，设计者可以根据具体情况自行设计（表 8–1）。

办公业主情况调查表案例　　　　表 8–1

承诺：本表的填写目的是为了使我们的设计更有针对性，我们将为客户保密，保证不用其他用途。

办公业主基本信息：

单位名称…………………………　所属行业…………………………

成立时间…………………………　单位地址…………………………

电话…………　传真…………　E–mail…………　主页…………

现有员工人数…………………

现有部门及人数

………………………………………………………………

单位的办公理念

………………………………………………………………

客户群的特点

………………………………………………………………

＊为了设计更好地进行，请提供贵单位的 CI 样本。

建筑户型信息：

建筑类型：高层□　小高层□　多层□　其他□

结构类型：砖混结构□　框架结构□　半框架结构□　其他□

办公空间类型：独立办公楼□　共用办公楼□

办公空间楼层数：　　建筑面积：　　m^2　　使用面积：　　m^2

办公空间具体构成：

办公用房

小单间办公室□　大空间办公室□　单元型办公室□　公寓型办公室□　景观办公室□

其他形式□

公共用房

会客室□　接待室□　会议室□　阅览室□　展示厅□　多功能厅□　其他□

服务用房

资料室□　档案室□　文印室□　电脑室□　晒图室□　其他□

附属设施用房

卫生间□　员工餐厅□　电话交换机房□　变配电间□　空调机房□　其他□

拟定的装修投入：

普通□　中档□　中高档□　高档□　豪华□

对设计风格的要求

现代简约□　现代另类□　中式风格□　异域风格□

高科技风格□　其他风格□　由设计师推荐□

拟采用的主要装修材料

地面

实木地板□　复合地板□　塑胶地毯□　地砖□　花岗石□　大理石□　其他□

顶面

石膏板□　铝合金板□　艺术造型吊顶□　不吊顶□　其他□

墙面

乳胶漆□　墙纸□　木贴面□　其他□

拟采用的主要设施

办公家具：

电脑网络：局域网□　ADSL □　网通□　拨号上网□　无线网卡□　其他□

电话：分机□　独立电话□

电视：背投□　液晶□　等离子□　投影仪□　无电视□　其他□

多媒体：有多媒体□　无多媒体□

卫生设备：洗手台□　坐便器□　蹲厕□　更衣室□　沐浴间□　其他□

空调：中央空调□　立式空调□　窗式空调□

有无其他特殊要求

………………………………………………………………

（2）办公业主意向分析

根据办公业主情况的调查，整理分析出业主的意向，对设计起到指导的作用。还要通过建设单位全面了解建设资金、周围环境、特殊功能、卫生及消防等多方面的要求。下面是一个案例，设计者根据具体情况自行制定（表 8–2）。

（3）实地勘察

实地勘察的工作内容包括到工程地点去考察。设计师必须详细测量业主的房屋，取得详细的测量数据和原始平面图。具体任务有了解建筑施工的结构方式、建筑材料的使用；水、暖、电、空调设备的管线走向；建筑施工质量的优劣以及建筑的空间感受等。具体的操作手段有实地测量、数码拍照、数码录像等方式，作为设计存档，以备将来设计之用（表 8–2）。

业主意向分析表案例 **表 8–2**

评估内容	设计要求
办公业主类型	中等规模的广告设计公司，成立时间五年，在当地有一定的客户基础，有自己完整的 CI
公司人员情况	共有正式员工 33 名，其中总经理 1 人，副总经理 2 人，设计部（分平面类和影视动画类）15 人，业务部 10 人，接待处 3 人，后勤 2 人
客户情况	客户多为单位，个人较少，经常有客户上门咨询和业务联系
公司理念	用最好的创意为客户服务！
必要的功能区	接待区、洽谈区、会议室、业务办公室、平面设计办公室、影视制作办公室、资料室、文印室、经理室、副经理室
必要的配置	会议室配置多媒体设备、办公室配置电脑和局域网设备
风格喜好	简约风格的室内，以现代感强的材料表现之，富有个性的装饰风格，能激发员工创意，能代表公司理念的
心理价位	总造价 50 万左右
工程概况	工程使用面积 450m^2，位于市区某办公楼的十二楼，高层，框架结构
希望有什么样的设计办公室	既有一定的私密空间，又能方便彼此交流的大空间办公室，以简洁的陈设、绿化等营造良好的视觉和景观
希望有什么样的业务办公室	具有便捷的现代商务功能，办公桌之间有良好的私密性
希望有什么样的经理办公室	视野开阔，设计简约大气
希望有什么样的会议室	具有良好的视听功能的多媒体设备，便于讨论交流，能激发与会者创意的空间
希望有什么样的接待洽谈室	亲切，能体现公司良好形象和理念的，适当对公司的平面和影视作品加以展示，加深客户的了解；洽谈室能有小空间的限定，使客户之间互不干扰
希望办公场所能提供哪些附加功能	为员工提供休闲、交流的场所，促进公司的文化气氛
希望采用什么样的办公家具	成套购买，与室内材质色彩等相符合的
希望主要采用什么材料	以木材、玻璃、金属为空间的主材

(4) 参考资料收集

收集一切和办公空间设计有关的参考资料。参考资料收集工作包括图书资料的收集，如参考书、杂志的收集；音像资料的收集，如上网查找相关资料；参考光盘的收集，实景环境的收集，主要包括相关实地的考察等工作。

如果是异地设计、施工，设计者还要对当地装饰材料、施工条件、施工环境等影响设计的因素加以考察，以便设计时参考。

8.3.2 阅读参考文献

在广泛收集资料、信息的同时，还要研读一些重要的参考文献资料。参考资料有很多种类，要有选择的阅读。针对办公空间类的室内设计题目，现阶段可参考的资料并不是很多，要注意从下面资料中找设计灵感。

(1) 图书期刊资料阅读

关于办公空间室内设计的参考书籍主要是以图片为主的设计类图书，这类图书有国内外经典办公空间的案例，通过阅读此类的图书，可以掌握国内外办公空间的最新动向和最新发展。但是现代图书资料主要是以图片为主的内容，虽然对于设计有帮助，但对构建一个完整的办公空间设计理论体系来支撑设计理念还有些距离，这就需要学生学会梳理知识的种类，完成设计理念的理论构建。

由于室内设计的时尚性很强，所以在选择阅读时要充分考虑出版的时间性；当然选择行业权威出版社的专业资料进行参考也是非常必要的。

(2) 电子资料阅读

如今电子资料层出不穷，学生可以充分利用网络等电子媒体进行选择阅读工作。网络上各种论文和参考图片很多，学生要有选择地进行阅读，选择权威网站，并对文章的出处进行了解。有能力的学生可以选择国外的一些专业网站进行参考资料的收集和阅读活动，了解国外关于办公空间的先进设计理念。

在阅读的同时，要养成整理和保存资料的能力，这也是设计能力的一部分。通过资料的整理和保存，可以激发设计的潜在灵感，为今后积累办公空间的设计理论打下基础。

8.3.3 确定设计理念

通过阅读参考文献，确定在设计中重点要解决的问题和重点探索的内容，明确思路，确定办公空间的设计理念。

(1) 明确设计目的

设计者所追求的设计目的是要使设计的空间能够为使用者带来最大限度的方便性、舒适性、先进性，满足越来越多的消费者的要求。同时，作为室内设计师还要肩负着一定的社会责任，在满足使用者要求的同时，还要兼顾社会影响、环境保护等社会文明和可持续发展等社会问题。

（2）确定设计理念

对设计目的进行合理的定位之后，随之确定设计的理念，为今后设计风格的确定打下一个坚实的基础。

作为办公空间的室内设计，其设计的影响面较之家装等设计的影响面要大，尤其在对政府的办公空间进行室内设计时，更要注意其影响性及其社会性效益。这就需要在更高的层次上体现设计理念。如根据当前的社会热点及今后的发展趋势进行设计。现代办公空间室内设计中应体现以下三大设计理念：

1）办公空间的生态化设计，共享自然景观；

2）办公空间的节能性设计，利用可再生能源；

3）办公空间的高智能化设计，追求技术创新。

8.3.4 明确设计风格

在确定设计理念之后，就可以把握办公空间总体的设计方向，随后在设计理念的框架下，明确总体设计风格，确定设计题目。

（1）题目的要求

1）迎合设计理念

设计者要在明确设计风格后，从中提炼出能够代表总体风格的设计题目。而设计题目至始至终都要贯彻设计理念。如选择办公空间的生态化设计的理念，其设计题目就要符合这一理念，而选择如“极简主义——空间办公效率”，“随意拆装的柔性办公空间”等设计题目就离设计理念相距甚远，设计出来的作品也可能会出现相互矛盾的风格。

2）迎合时代潮流

作为设计者要始终把握设计的潮流。作为室内设计时尚的代言人，不能随波逐流，要不断地更新自己的设计理念和设计思想，推动办公空间室内设计的不断发展。在选择设计题目时就要避免选择如“加强办公空间的功能设计”，“合理功能划分，创造增值空间”等陈旧的设计题目，选择一些迎合时代潮流的设计题目。

3）把握设计角度

在选择设计题目时要注意题目的角度要新颖，要能够吸引人的视线。一个好的设计题目，可以为设计者带来设计的乐趣，激发设计的灵感，增添设计成功的信心。如设计题目“承载情感的空间”，在设计中以团队精神为纽带，表达了一个华丽而不过度，温馨而又舒适的办公空间设计思想。

4）常见的设计风格

随着各新型行业的兴起，鼓励个性发展、注重人性化时代的来临，曾经刻板、方程式般套路的办公空间显然已经无法满足我们的需要。设计风格中环境氛围的营造及更多细节被关注，办公室不再只是理性的，同时也是感性和人性的。在充分了解企业类型和企业文化的基础上，确定能反映该企业风格与特征的室内风格。通过富有个性的空间、界面、装饰小品、家具陈设营造独特的办公空间风格。如：简约风格、中式风格、异域风格、高科技风格、另类风格等。

(2) 选择题目的注意问题

1) 题目立意完整性

A. 主题表达明确　设计题目的主题要鲜明，表达要明确，范围涵盖清晰，如"创造高效率办公空间"、"以人为本——办公空间设计的首要目标"

B. 主题立意适当　设计题目不要超过自己的设计能力，有些设计立意很高，但完成起来有一定困难。如"当代办公空间室内设计趋势与应用"等，多作为探讨性的交流写作之用，对具体的设计不会起到应有的作用。

2) 题目立意准确性

A. 题目表达准确　设计题目表达要力求准确，有些设计题目语句表达有问题，导致题目不够准确。这类问题往往是学生语言组织能力有限，出现一些病句等问题。如"办公空间需要个性化的设计的内涵"，个性化设计与内涵重叠，如改称"办公空间需要个性化设计"，这就可以将题目中心思想表达清晰，明确设计理念与设计目的。

B. 题目紧扣主题　设计题目要符合设计任务书的要求，不能考虑一些与办公空间设计无关的主题类型。如"路边的思考"、"框架结构与空间布局"等，不是文不对题，就是离题太远。

(3) 参考设计题目类型

每个设计者都有自己的思考方式和设计思路，但从考虑设计题目开始就与功能设计法、造型设计法、主题设计法等设计方法紧密联系，很多设计者就是通过三种倾向的设计方法选择合适的设计题目。

1) 功能配置类设计法

所谓功能配置类设计法就是在设计构思中，始终围绕功能配置这个中心进行设计的一种设计方法。重视功能配置是功能设计法的核心思想，但在设计中并不排斥其他设计元素，如造型问题、环境问题、应用新材料等问题。只是在设计中更注意发挥功能的作用，使设计有一定的主导思想（表 8–3）。

功能配置类参考题目　　**表 8–3**

参考题目	重点探索内容
空间的节奏	从办公空间的具体划分形式入手，找到适合办公的最小单元空间，并寻求有秩序的空间排列组合
办公家具的舒适性探究	从办公家具对使用者的影响出发，探究办公家具与办公空间的结合形式，以及办公家具的舒适性对办公效率的影响
开敞办公的视觉尺度	从视觉功能的角度设计开敞办公的界面、平面围合形式，以及竖向尺度
简约 PK 简单	在设计办公空间中解析简约与简单的区别，通过设计能够读出简约带来的各种潜在信息
感受心灵的灯光	诠释利用办公空间的灯光，给使用者带来一天愉悦的心情，提高办公效率
为传媒行业设计的俱乐部型办公新空间	本课题探索传媒行业这种特殊的工作性质对办公空间的设计也提出了不同的要求，俱乐部型的办公新空间是否能符合行业办公的需要
透明办公室中的私密办公空间	透明办公室，能使办公人员视野开阔，心情舒畅，但是否就意味着丧失私密性？两者并不矛盾，本课题探索如何在透明办公室中营造私密办公空间
愉悦办公环境设计	本课题探索如何创造一个让办公人员产生心理愉悦感和生理愉悦感的办公环境

2）艺术表现类设计法

所谓艺术表现类设计法就是在设计构思中，始终围绕艺术表现这个中心进行设计的一种设计方法。在这种设计方法中造型、色彩、肌理等艺术创作的元素取代功能成为了第一设计要素，一切设计都是围绕着造型要素而展开的。艺术表现同样不排斥其他设计元素，如功能问题、空间问题、材料问题、经济问题等，如设计者处理得当，同样可以取得很好的设计效果。

艺术表现类参考题目 **表 8–4**

参考题目	重点探索内容
曲线的魅力	厌倦了一成不变的办公空间布局，感受曲线带来的空间变化，形成充满活力的室内环境
光的韵律	诠释极少主义的设计理念，将自然光有组织地引入室内，再现光的艺术魅力
亲近水岸	让办公空间静静地远遁于喧闹的闹市之外，青砖、钢结构、水景、玻璃落地窗构成独特的室内气质，让人驻足、浮想联翩
留白的艺术	在重视硬装饰的室内界面，局部空间和界面的白色显得格外靓丽，探索白色存在的艺术魅力
沙漠风情	沙漠有一种粗旷的美，如何将这种美与办公空间室内设计结合起来，如何将沙漠美丽的色彩与室内空间的色彩设计结合起来，是本设计要探讨的重点。
肌理之美 ——办公空间界面的艺术化营造	本课题探索材料的肌理之美在营造办公空间界面中的作用
点石成金 ——办公空间的材料应用	本课题探索普通材料在办公空间的不凡使用，既能降低材料的成本，又能起到很好的效果
通透之美 ——玻璃在办公环境中的应用	本课题探索玻璃材料在办公空间中营造的通透之美

3）主题表现类设计法

所谓主题表现类设计法就是在设计构思中，始终围绕一个主题进行设计的一种方法。作为设计的主题，内容可以是多种多样的。主题设计可以使设计者很快进入设计状态，并围绕主题这个主线展开一系列的设计构思，设计的条理清晰、思想鲜明，能较快地完成不同风格的设计构思。

主题表现类参考题目 **表 8–5**

参考题目	重点探索内容
技术的魅力	探索技术进步带给办公空间全新的设计内涵，技术美统一空间的主旋律
上帝藏于细部之中	运用国外著名建筑设计师的至理名言，打造办公空间的细节设计
追随文脉	企业的文脉是企业的灵魂，在历史中寻找企业的文化内涵，在设计中留住企业的根
让我们在天然氧吧中办公	围绕生态环境主题，打造办公空间的绿色布局和构造，使自然、新鲜的空气始终伴随
方形世界	方形是经济的平面，用方形做母题做最高效的平面和空间布局
有表情的办公室 ——办公空间色彩设计探索	本课题探索如何打破传统办公空间冷淡无表情的色调，以富有表情的色彩设计为办公空间增色
整体与和谐 ——系统化办公环境设计	整体与和谐是设计追求的高境界，本课题探索在办公空间设计中，如何运用系统化设计的原理，营造和谐整体的办公环境
界面的魅力 ——办公环境界面造型设计	本课题探索在办公环境中，如何以界面造型的设计丰富空间的视觉美感
禅意化的办公空间	本课题探索富有禅意的办公空间的营造，使办公人员缓解紧张的气氛，在放松心境的同时提高工作效率，达到办公空间设计的目的

4）空间表现类设计法

所谓空间表现类设计法就是在设计构思中，始终围绕一个空间进行设计的一种方法。作为办公环境的空间构成形式很多，各有不同的效果，对这个问题进行探索有助于形成有特色的办公空间。

空间表现类参考题目 **表 8–6**

参考题目	重点探索内容
另类风格 ——个性办公空间设计	个性化的办公空间强调公司的理念，能调动员工的士气，加深客户的印象，如何以另类的风格营造个性化的办公空间是本课题的重点探索内容
办公空间的新中式演绎	新中式的装修风格，较能体现办公环境的文化品味，如果能与公司理念结合能取得很好的效果，本课题探索如何在现代办公空间演绎新中式的风格
“天人合一”的办公空间设计	把“天人合一”的理念用到办公设计中，探索如何营造和自然融为一体的办公新空间
人居化办公空间设计	现代办公空间日益摆脱冰冷严肃的办公的氛围，创造如人居一样温馨和谐的办公场所，并融入一些人居化的功能，是现代办公设计的一种时尚，本课题可以对此加以探索
营造绿色和谐的景观办公室	景观办公室是近年来流行的办公室类型，如何为办公人员提供一个视野开阔，心情舒畅，绿色和谐的办公空间是本课题设计的重点内容
公寓型办公室设计探索	公寓型办公室是最近新出现的一种时尚办公室的设计，本课题探索如何把公寓和办公室这两者结合起来
没有墙的办公 ——开放型办公空间设计	开放型办公空间是现在办公设计的流行趋向，本课题重点探索如何设计易于交流、视觉开敞，又具有高效率的办公空间
大空间里的小空间 ——办公空间设计	在大空间的办公场所里，如何进行合理的空间规划，设计出既具有个人办公的私密性，又利于团体交流的办公空间，是本课题的重点探索内容
可变办公空间设计	灵活可变的办公空间，为办公人员，尤其是面积较小的办公场所带来便利，如何通过可变隔断、活动家具的应用达到办公空间的可变性是本课题的重点探索内容

5）理念策划设计法

用新的设计理念进行办公环境设计创意往往能给业主带来惊喜，设计者不妨时刻关注设计前沿的一些新观点新理念进行设计创新。

理念策划类参考题目 **表 8–7**

参考题目	重点探索内容
节能办公室设计	节能是设计界关心的课题，本课题主要探索如何在办公环境中实现节能的各种途径
健康环保的办公空间设计	健康环保是现代设计中需要解决的问题，本课题主要探索在设计中如何体现健康环保的理念，营造时尚健康的办公空间
无墙办公新理念	本课题主要探索“无墙办公”的新理念，怎样通过办公空间的设计实现优质的“无墙办公”
可以带走的办公室 ——工业化装潢探索	工业化装潢是目前流行的利于环保，避免装修污染的装修新技术，本课题探索把工业化装潢的技术应用到办公环境的途径和效果
懂你的办公室 ——智能化办公空间设计探索	本课题主要探索现在流行的智能化办公设计理念，如何营造优质的智能化办公空间
灵活可变的办公新空间	本课题探索如何通过家具、界面等的工艺创新，营造一个灵活可变的办公新空间
办公空间的人居化功能	本课题探索如何把人居化的功能融入到办公空间中，实现人性化办公
快乐工作法 ——带有休闲功能的办公空间设计	快乐工作能提高办公人员的工作效率，本课题探索如何把休闲的功能融入到办公空间中，实现快乐工作的新空间

6）企业文化传达类设计法

许多企业有自己独特的企业文化，这些企业文化经过长期积累，不仅可以凝聚企业职工的人心，而且在视觉方面也有巨大的吸引力和魅力。运用这些文化元素创造独特的办公空间的形象是一种比较高明的设计手法。

企业文化传达类参考题目 **表 8–8**

参考题目	重点探索内容
办公空间 ——企业文化的载体	办公空间是企业文化的重要组成部分，本课题探索在办公设计中，如何把企业的文化融入到设计中去，让办公空间成为企业文化的有效载体
提升企业凝聚力的办公新空间设计	一个优秀的办公空间设计能提升企业的凝聚力，本课题研究如何设计一个对内提升凝聚力，传达企业精神的办公空间
客户眼中的你 ——办公空间的外在形象	办公空间是一个公司的重要外在形象，本课题探索如何通过办公空间的设计建立一个公司个性化的优良形象
我的办公室我做主 ——办公室个性化设计	本课题探索在倡导办公空间个性化的今天，如何提供一个既有个人化空间又不显各自为营的办公室

8.3.5 完成开题报告

有了好的题目，确定了设计的重点，撰写开题报告。开题报告的撰写参照第2章第4、5节。

8.4 设计环节需要完成的任务及要求

完整的办公空间室内设计环节应包括方案阶段、初步设计阶段、施工图设计阶段、施工监理阶段四个阶段。这里按照（设计投标）的整个过程讲解设计环节需要完成的设计任务。

8.4.1 投标设计阶段

设计者在设计之前要订出周密的设计计划。设计计划按时间可分为两部分安排：

第一部分投标设计阶段。设计内容可包括方案阶段、初步设计阶段。设计计划可根据建设单位（甲方）提出的设计招标书的具体要求来制定。其主要设计内容可参考设计招标书的具体要求、方案成果来安排。

（1）方案阶段

方案阶段的时间安排主要是依据设计者的设计构思时间而定，这阶段的主要工作是，设计者通过设计构思拟定几个设计方案，经过对有关人员征求意见，最后确定正式投标方案。

（2）初步设计阶段

初步设计阶段是方案阶段的继续。在方案阶段确定投标方案后，初步设计阶段内容要包括编写设计说明、初步设计图纸的绘制及编制初步设计概算三部分内容。设计完成后设计成果通过设计文本、挂图、电子文件等方式参与竞标。

8.4.2 施工设计阶段

第二部分是在设计方案被采纳后，进入施工设计阶段。设计计划可根据建设单位提出的设计修改要求和文件（设计委托书或合同书）制定该项办公空间室内设计的完成计划，主要包括施工图设计阶段、施工监理阶段。

（1）施工图设计阶段

施工图设计阶段包括对实施方案的修改、与各专业协调及完成建筑装饰设计施工图三部分内容。

首先是要对建设单位提出的建设性意见进行设计修改；其次设计者要与水电、通风空调等配合专业进行沟通协调，如需要在设计中改动建筑原有的水电、通风空调等内容时，则需要有关专业出施工图纸，这些施工图纸将成为建筑装饰施工图设计的依据；最后完成建筑装饰设计施工图的工作。

正式建筑装饰施工图一般包括图纸目录、设计说明、各个界面的设计图、有关节点大样细部设计图等主要方面内容。根据正式施工图的设计内容，参照有关建筑装饰预算定额编制预算。装饰效果图可以作为施工时的参考图纸，但具体的施工做法要以施工图纸为准，双方认定的施工图具有法律效力。

在装饰工程开工前，在建设单位组织下，向有关施工单位进行技术交底，说明设计意图、构造做法、材料选择等技术要求。当然设计与施工是同一家公司则可以省略这一环节，但要做好公司内部的设计与施工的技术协调工作。

（2）施工监理阶段

施工监理阶段是指装饰工程施工的全过程中，设计人员要配合工程施工做好施工监理工作。施工监理的主要内容包括对材料、设备的订货选择，完善施工图中未交代的构造做法，处理与各专业之间未预见的设计冲突等问题，以及施工结束后要做竣工图等工作。

作为学生如能够参加社会的设计投标工作，则对自身的设计能力、工作经验等方面是一次极好的锻炼机会，但这样的机会不是每个学生都能经历的。这里需要说明的是做办公空间室内设计，必须要完成前三个阶段任务，即方案阶段、初步设计阶段、施工图设计阶段。作为建筑装饰工程技术专业的学生还应该完成一个空间预算的编制工作。

8.5 毕业设计后续环节

教师批准设计之后就进入图纸打印、文本装订、展板设计、答辩准备及毕业答辩阶段，各个阶段的具体要求见本书第 2 章～第 4 章。

第9章 商业环境设计类毕业设计指导书

9.1 商业环境设计类毕业设计的具体内容

9.1.1 商业空间和商场的区别

商业空间环境作为城市公共空间环境的重要组成部分，与广大市民的生活息息相关，随着社会、经济的飞速发展，人们对商业空间环境的要求越来越高。

商场是商业类空间的一部分，泛指商品经营者为人们日常购物活动所提供的各种空间、场所，商场也是商业空间中面积较大、人流较集中、对城市环境设计配套要求较高的建筑空间。现代商场的发展模式和功能不断向多元化、多层次方向发展：一方面，购物形态更加多样，如商业街、百货店、大型商场、专卖店、超级市场等；另一方面，购物内涵更加丰富，不仅仅局限于单一的服务和展示，而是表现出休闲性、文化性、娱乐性的综合消费趋势，体现出购物、餐饮、影剧、画廊、夜总会等功能设施的结合。其越来越多地影响到人们的情感、趣味和生活方式。

9.1.2 商业环境设计的内容

商业空间的设计是一个庞大、复杂的系统设计。一个综合的商场系统包括人流系统组织、物流系统组织、能量流系统、信息流系统的设计，需要多专业协作的设计。要求设计师具有丰富的设计经验和宏观控制的能力。高职高专的学生，经验比较缺乏，商业空间毕业设计题目以选择中、小型商场和专卖店为宜。

（1）外立面（店面）设计

直接显示商店的名称、经营特色、档次，是商店的形象，也是招揽顾客的重要手段。造型要突出个性化，色彩讲究和谐与对比，广告要醒目，总体要和城市环境相协调，如图 9–1、图 9–2 所示。

（2）橱窗设计

橱窗设计是为了吸引顾客、指导购物、展示艺术形象（图 9–3、图 9–4）。

（3）中庭（前庭）设计

活跃空间气氛，组织和丰富空间层次，调节空间流通，提升整个商场的空间质量和档次（图 9–5、图 9–6）。

（左）图 9–1　某商场醒目的外立面设计

（右）图 9–2　某专卖店富有个性的店面设计（图片来源见注 2）

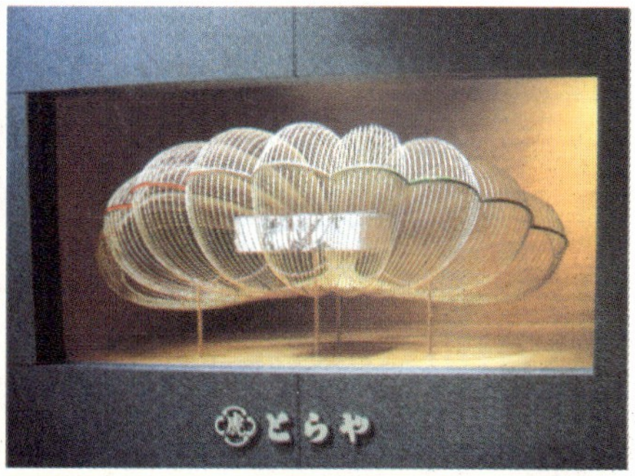

（左）图 9-3　服装展示橱窗设计（图片来源见注 3）

（右）图 9-4　封闭式橱窗小品展示设计（图片来源见注 3）

（左）图 9-5　某商场前庭设计

（右）图 9-6　某商场中庭设计

（4）营业厅平面设计

包括总平面布置和地面设计。按商场使用功能组织顾客流线、货物路线、员工流线和城市交通之间的关系，避免互相干扰，并考虑防火疏散和残疾人通道问题；划分走道、各销售区域等主要空间及电梯厅、楼梯间、休息处等服务空间（图 9-7、图 9-8）。

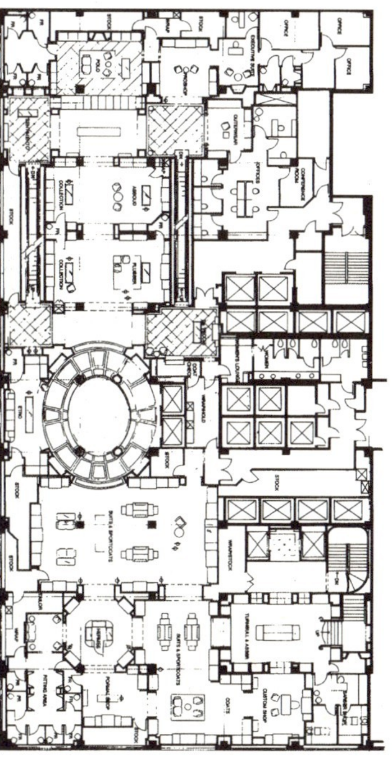

（左）图 9-7　某商场地面和交通设计（图片来源见注 4）

（右）图 9-8　某商场营业厅平面设计

（左）图 9–9　某商场与地面的顶棚设计（图片来源见注 4）

（右）图 9–10　充满标识装饰的壁面设计（图片来源见注 4）

（5）顶棚设计

应与平面相一致，密切配合平面的功能分区，充分发挥顶棚对空间的界定作用，合理划分出各销售展区的空间层次，并引导顾客流向线（图 9–9）。

（6）壁面设计

商店壁面整体性不强，多从各售卖区的装饰与功能考虑（图 9–10）。

（7）柱面设计

柱面设计是商业购物空间设计的重点部位，应与柜架、广告相结合来进行设计（图 9–11）。

（8）柜架及陈列设计

这是商场设计中设计量最大的一个专题，也是一个与商场基本功能关系最密切的专题（图 9–12）。

（9）商业广告、标识设计

广告有室内与室外、宣传企业与宣传商品、长期宣传与短期促销等不同形式与功能；精心设计、合理布置各种标识，不仅传递各种信息，起到识别、诱导、指示、警告和说明等重要作用，以求得秩序、安全和效率，还可增加空间的美感（图 9–13）。

（上）图 9–11　与柜架、广告相结合的柱面设计（图片来源见注 1）

（中）图 9–12　富有创意的柜架及陈列设计（图片来源见注 2）

（下）图 9–13　醒目的商品广告标识设计（图片来源见注 4）

（左）图 9–14　色彩元素的设计（图片来源见注 3）
（右）图 9–15　专卖店灯光照明的设计（图片来源见注 2）

(10) 色彩与光的设计

这是室内设计元素中最吸引人们注意力的元素，也是商场销售区域特色设计的重要手段（图 9–14、图 9–15）。

9.2　商业环境设计类毕业设计的具体任务

商业购物空间毕业设计的具体要求是根据毕业设计的程序结合商业环境设计的程序来具体确定的。

9.2.1　接题与准备

接受毕业设计任务书、接受教师的毕业设计指导、实习准备、经验准备、题目准备、参考文献准备。

9.2.2　选题与调研

确定题目、确定设计对象、进行系列调研、信息的收集与整理、确立设计概念、明确设计重点、研读参考文献。

9.2.3　开题

撰写文献综述、提交开题报告。开题报告需要得到指导教师的确认。

9.2.4　探索与设计

执行装饰公司公装设计的流程。

9.2.5　作品提交与展示

设计、装帧并打印文本、展览展示设计作品。

9.2.6　答辩

汇报设计过程、设计结果及设计收获、回答答辩专家提出的问题。

9.3　准备阶段需要完成的任务及要求

毕业设计的准备阶段包括接题与准备、选题与调研、开题三个程序。

9.3.1　毕业设计的前期准备

学生在毕业实习前接受毕业设计任务书和指导书，认真学习和理解毕业设计的目的、内容、设计要求、时间安排和注意事项等，接受教师的毕业设计指导，认真做好毕业设计的各项准备。

高职高专建筑装饰专业毕业设计应该以真题真做为原则，学生要在实习单位取得题目，查找参考文献，确定毕业设计题目。对于高职高专的学生来说，由于经验的缺乏，每一个设计不可能同时考虑很多问题。商业空间毕业设计题目不宜选的太大，胡子眉毛一把抓，容易顾此失彼；也不能太浅，以选择中、小型商场和专卖店为宜，要深入设计，在设计过程中可以确定一个或者两个重点需要解决的问题进行有针对性地探索，这样才能比较好地达到目的，完成毕业设计的任务。例如，重点解决功能布局的规律问题，或者重点探索柜架及陈列设计的问题，也可以选择设计元素中最吸引人们注意力的色彩与光进行重点研究，塑造商场销售区域或专卖店的特色形象。

9.3.2　项目设计的准备

在接到工程项目设计任务书之后，到正式开始设计之前，有一个设计的准备阶段，在设计的准备阶段需要做大量的准备工作。这些准备工作并不是可有可无的，因为它关系到设计的定位和决策，关系到设计概念是否恰当，开好这个头就能为以后的工作奠定良好的基础。

（1）设计任务书的研究

商业环境设计是一项复杂的系统工程。每一项具体的设计都有一定的前提和条件，如具体的使用要求、空间服务的对象群体、资金和造价、委托方的经营（使用）性质、方式和思路、环境与场地情况等，都会成为设计时需要考虑的内容，这些因素都将对设计的结果产生直接或间接的影响。设计任务书是以设计委托书的形式或以项目设计招标书的形式出现，一般包括如下内容：

1）委托方在功能使用上的具体要求

2）委托方对装修档次、空间审美意向上的具体要求

3）委托方对工程投资额的限定性具体要求

4）其他具体内容

A. 工程项目的地点

B. 工程项目在建筑中的位置

C. 工程项目的设计范围、内容与设计深度

D. 不同功能空间的平面区域划分

E. 艺术风格的发展方向

F. 设计进度与图纸类型

设计任务书的内容决定了整个设计项目实施的方向，是整个设计项目的依据。设计任务书形成后，作为设计者应站在甲方的利益和立场上，本着专业负责的精神和态度，认真消化设计任务书中的内容，若遇到有与专业原则相违背的内容，或甲方的设计概念不够成熟的情况，则应努力积极地与甲方进行交流和沟通，调整设计任务书中的有关内容，使其更趋于完美，做到既要充分地尊重甲方的基本愿望和要求，又能使设计方案更具有专业性，更符合专业原则和实施的技术要求。

（2）信息的收集

所谓“信息”是指与所要进行的设计项目有关的各种数据、图纸、文字、同类型案例、现场状况等的综合性总称。在设计的准备阶段，对信息进行收集是一项极其重要的工作，信息掌握得越多越细越充分，就越有可能在设计定位和设计决策时有更多的参考依据和构思的出发点，就越能够打开思路、越能够使设计从整体出发，又能兼顾到各种细节的处理，就越能够帮助建立起一个明晰而合理的设计概念，从而把握正确的设计方向。

设计的思维始终是贯穿整个设计创作过程中的，对信息的收集与整理就是一种切入设计思维的过程。在这一过程中，以记录性的理性思考和逻辑性的思维方式为主导，要求设计师能站在一种客观和冷静的角度对设计信息进行分析和归纳，为设计信息的筛选做好铺垫。这一过程包含如下方面：

1）现场调研与图纸分析

在接到设计任务书以后，需对设计项目进行更深入的了解，这其中就包括结合图纸对设计项目的现场空间情况进行勘探和测量。

首先要对建筑设计图纸进行消化，然后带着图纸到施工现场进行具体尺寸数据的核实，了解电路分配、空调管道、给排水设施等的情况，并在建筑设计图纸上明确的标明。现场调研有助于对施工现场的周围空间和周围环境情况作一了解，如该现场在建筑空间中的情况、空间的结构特点以及建筑环境的整体风格特征等，还可以了解到施工现场在城市空间中的位置和它与周围城市环境的关系。这些都对将要设计的新空间在进行方案构思的过程中有所帮助。

此外，还要对原建筑的设计图纸进行仔细分析。原建筑设计图纸包含了众多的内容，有设计方案图、设计施工图等。施工图又包含了建筑结构图，水、电施工图，暖通施工图等。对这些信息的了解可以帮助我们建立起对原建筑的认识，而这些信息都对将要进行的设计工作具有重要的参考价值。

2）对功能进行深入理解

功能性是室内设计的首要原则，设计师在进行方案的构思之前需要与甲方多沟通，就业主在使用上和经营上的想法进行充分地交流。设计本身是一项服务性工作，作为设计师应该认真而耐心地听取甲方的意见，特别是那些具有新奇感的独特想法以及有违专业性的所谓“外行人”的想法，并以自己的专业眼光为业主提出可供参考的建议。对甲方的意见，进行仔细的研究和反复的推敲后，整理出清晰的功能设计思路。

在设计过程中需要对各种复杂的关系和因素进行平衡性的整合。在各种关系中，功能因素始终要对其他因素产生影响和作用。设计师对功能的理解应是具体和深入的，切不可有先入为主的概念性的笼统认识，这是做好一个设计的前提，也是作为一名设计师应具备的良好的专业素质之一。

3）市场调查与案例分析

在商业竞争激烈的今天，在设计过程中如何帮助甲方找到准确的市场定位。这种市场定位，既包括项目在经营策略上的定位，同时也包括由经营策略而决定的室内装修的资金投入的定位以及装修风格的定位，市场调查就是为了解同一类型和性质的室内设计的情况而做的一种十分有益的工作。

设计师在接到设计任务以后，就应该到同类型的空间中做一番调查和研究，这种市场调查应灵活机动的进行。比如，所要设计的商场，是什么性质的商场，除了平时常去的商店以外，可有意安排去几个有个性特色的地方。在调查的过程中，应多加注意空间的布局形式与功能的关系，材料的特点和规格，空间光色的处理方式以及柜架和陈设的选用等；细心地观察和品味所有设计细节，近距离的了解空间的材料配搭和不同材料的衔接处理方式，从而有深刻的印象。

同时，翻阅有关的书刊和画册，上网查询有关信息资料等也是作为市场调查工作的重要方式。

案例分析是指对所分析、借鉴的项目有启发性的部份进行的口头或文字形式的归纳和总结。通过案例分析，可以帮助设计师找到相同或相似设计的规律性，案例中的优点要借鉴，而失败的地方要避免，从而使设计真正做到集各家之所长，扬自家之特色。

设计方案的形成是一个由模糊而逐渐走向明晰的过程，在市场调查和案例分析的过程中，对设计方案有一些抽象和朦胧的认识。

任何空间设计都是由一系列的材料来构成的，当有了一些初略的想法后，就应该到材料市场去看一看，了解想用的材料的价格、规格以及视觉特征。因为任何设计都有资金成本的控制问题。材料的选用无疑对整个设计方案的形成和最终的效果都是重要的，了解材料市场是这一阶段有必要做的工作之一。

（3）信息的整理

信息的整理是将所收集的信息进行归纳和分类，从而为设计概念的形成提供比较清楚的思考依据，主要包括如下方面：

1）甲方（委托方）对设计的要求、想法和建议；

2）施工现场的条件和制约分析，包括施工现场所在建筑的质量、结构类型和结构特点，以及电路、水路、暖通等设施设备和其他服务性设施的分布情况，以及可能会遇到的施工问题和难点；

3）与原建筑的建筑师、结构工程师的联系情况，或已经联系后双方就某些在设计中可能会遇到的施工疑难问题而商讨的解决办法的要点；

4）设计项目所在城市的文化特点，设计项目与所在城市区域性环境的关系以及设计项目与同类型项目在经营方式、装修档次上的不同定位关系；

5）设计项目的功能特点，与同类型项目的差别化特征是什么；

6）设计项目在目前市场上的一般性设计风格和流行的做法是什么；

7）目前同一类型的设计项目的设计在功能上以及在设计风格上存在哪些不足或缺陷；

8）目前商业购物空间室内设计中使用较多的材料有哪些？关于这些材料的所有信息，包括供货商的地址和联系电话；

9）在设计方案中可能会使用到的最新材料以及这些材料的所有信息，包括供货商的地址和联系电话等等。

对以上信息的整理要采取笔录的形式记载下来，作为设计师的工作记录为以后的设计工作提供查询的方便。

（4）信息的选择

选择是对纷繁复杂的客观事物的提炼和优化，是一个十分复杂而又综合的思考过程，并没有一个统一的套路和公式。设计本身就是一个选择的过程，在众多的信息面前筛选出与本案设计有关的各种信息，然后将它们进行合理的组织和安排，从而产生出与设计目的相符的设计构思来。

设计在这一阶段的工作是在前一阶段的基础上，确定大的设计方向和设计原则，并运用图式的方法，将具体的设计内容和形式落实到具体的空间中，形成可供传达和交流设计方案信息的设计文件。

（5）设计概念的确立

设计概念即是设计师对设计方案的总体想法。确立设计概念就是对设计什么、为谁设计、怎样设计三个方面进行的思考和定位：

“设计什么”是一个看似简单的问题，但在这个简单问题的背后却包含了极其丰富的内容。设计什么不仅是对设计项目在功能使用上的定位，同时还包含了对设计项目在空间和时间关系上的定位。“空间”即地点，设计项目所处的自然地理位置和人文地理位置，国家、城市、区域以及所在建筑空间的位置都可能对“设计什么”产生影响，即设计一个“此地”的方案。“时间”既包含了对设计方案在设计风格上的定位，同时又包含了设计方案应以怎样的方式来反映时代的特征，以取得和现时代的联系，即设计一个“此时”的方案。“此时此地”决定了“设计什么”的定位方向。

“为谁设计”即是对“人”的定位，它提出了对设计所服务的对象的思考。商业空间作为公共空间，它的公共性意味着为群体服务。为什么样的群体服务？这些需要在设计之前给予恰当的定位，只有找准特定的消费群体，才有可能对这一群体进行认真的研究，只有对这一群体有了认真的研究，才能了解他们的喜好、思维方式以及生活方式，才能在设计中有的放矢的寻找要表达的“素材”，并有效地组织设计语言做一个有针对性的设计方案。

“怎样设计”是一个意向性的思考，是在以上思考和定位的基础上为达到所确定的设计效果而采取的设计手段，这是一个“怎样做”或“如何表现”的问题，即通过对商业空间设计要素的组织和安排形成预想的空间功能和氛围。

9.3.3 开题报告

有了好的题目，确定了设计的重点，撰写开题报告。开题报告的撰写参照第2章第4、5节。

9.4 设计环节需要完成的任务及要求

9.4.1 对方案的初步设想

（1）概念草图表达

概念草图是设计师对设计概念的一种探讨性的表达，它是在创作意念的驱动下，将各种复杂的设计条件和关系抽象、提炼成相关的设计语汇，并形成可供讨论和交流的视觉图像。概念草图的绘制过程也是一个设计思考的过程，是一个设计构思由抽象的思考进入具体的图式，由图式的模糊而走向清晰，由图式的片段而走向完整，由不成熟而逐渐走向成熟，并不断完善和深化的过程。

在概念草图中，学生应就商业购物空间的功能布局，空间的形式和风格，装饰材料的选用和搭配，色彩与照明，装修细节的构造形式，柜架及陈列设计等多种设计信息加以反映，为设计方案的确定打好基础。

概念草图的形式是多种多样的：可以是以严格的尺度和比例绘制的平面功能分析图，也可以是局部设计构造的剖面图、节点图，还可以是借助透视技法绘制的比较直观的空间环境立体的表现图，甚至可以是以图像、符号、线条或文字组成的图解思考。

（2）文字与口语表达

在概念草图基本完成后，设计师可安排甲方（委托方）就设计初步方案进行讨论和交流。这时，除了概念草图以外，书面的文字和口头的表述同样可以形成对设计方案的构思想法。文字通常能够深入到理论的深度，具有条理性地将各种图式串联成一种设计主张；而口头的表述更是人与人之间进行沟通的最佳方式。

当设计师与甲方就初步方案进行过交流和讨论以后，接下来设计师就应该带着甲方所提出的意见和建议对设计方案作进一步修改和深入。这一过程可能会因方案的复杂程度以及甲方与设计师的配合默契程度而有多次重复，最终以达到甲乙双方的共识为结果。

9.4.2 方案的表达——方案图阶段

当设计方案有了大体的定向以后，接下来就需要将方案用一种约定俗成的专业符号系统和标准的表达方式确定下来，具体的说就是用大家都能读懂的图面形式对设计方案做进一步的深入性表达。一般包括：

（1）对商场进行功能分区

首先确定商场各层具体经营项目，门厅入口位置，中庭及周围的交通组织，围绕电梯厅、扶梯、楼梯间的各级通道的组织及安全疏散，库房及货物的运行路线，工作人员的通道等总体组织。并画出整个商场设计中最重要，也是最基本的功能性图纸——平面图。第二步是根据画图的位置设计顶棚的造型与分区布置灯位，根据梁板标高及空调、水电、设备的分布情况确定顶棚的标高，绘制出顶棚平面图。顶棚的设计要结合平面布局，与平面取得一种呼应的关系。一方面顶棚的造型以及顶棚上的灯具、灯光的设计具有商场空间划分和空间限定的作用；另一方面，顶棚的造型和灯具的风格样式对整个商场环境艺术气氛的塑造具有重要作用。一切应从室内空间功能使用上的整体性着眼，同时也要考虑良好的视觉效果。

（2）装饰格调的确立

选择一些重点部位，如入口、门厅、中庭、各层商场最能反映设计师意图的部位或重点销售区，以及商场的外立面，绘制透视效果图。这些效果图集中体现了设计师对本装饰工程在美学方面的考虑，如造型风格，材料质感、色彩运用、灯光照明效果，以及如何用美学规律来体现企业的CIS设计及CI 策划、体现环境方面的初步构想等等。效果图可以手绘，也可以用电脑设计程序制作。

手绘效果图一般采用麦克笔或钢笔淡彩、彩色铅笔等快速表现工具来表现。在艺术上重点表现亮点部位的设计构造、柜架陈设形态、色彩关系等形成的宜人的商业氛围及设计师洋洋洒洒的笔法，对材质等表达只求神似。手绘效果图要特别注意虚实结合、收放自如、一气呵成。

绘制电脑效果图有专用的软件，如圆方。也有通用的软件，如3DMAX和PHOTOSHOP。电脑效果图可以表现逼真的空间效果和材质，模拟完成后的真实效果。

（3）说明文字和图表

由于是方案阶段，图纸量相当有限或表达不便，有一些问题需要以文字的形式加以说明，总体原则也要通过文字予以确认。因此，在设计文件的组成中，文字说明和有关图表必不可少。

（4）沟通修改，确定初步设计

设计沟通是设计师必须练就的基本功。因为借助于生动形象的语言描述，方案才容易被业主读懂、理解和接受。

在装饰设计中，一个完善的方案占据相当重要的位置，因此，一般都经过反复修改。有的是某些局部调整，有的是平面功能布局做大的调整，甚至还有推倒原方案重做的情况。方案的确立是一个反复研究有时是从上至下反复协商的过程，方案也是集中多人智慧、集中多学科知识的产物。

9.4.3 方案的细化——施工图阶段

在设计方案基本确定下来以后，就要进入施工图设计阶段。施工图设计是设计师以方案图为前提，对整个设计项目的最后决策，它需要涉及设计方案的施工材料、施工技术、施工工艺等多方面问题。设计师必须与其他专业人员，如结构工程师、水电施工技术人员、空调设计工程师、消防技术工程师等进行充分的协调，综合解决各种技术问题。

（1）施工图规范与标准

1）设计规范

设计师的所有设计要求都必须符合国家的法律、法规、标准、条例、办法。这些文件，有的是强制性的，例如《建筑内部装修设计防火规范》GB 50222—2001、《建筑装饰装修工程质量验收规范》GB 50210—2001 等。它们不仅是设计师的设计依据，也是设计师需要坚决执行的。

2）制图标准

国家的《房屋建筑制图统一标准》GB/T 50001—2001 及《建筑制图标准》GB/T 50104—2001 可以作为我们的主要参考。线形、字体、比例、剖切符号、索引符号、详图符号、引出线、定位轴线及尺寸标注要求和对楼梯、坡道、空洞等图例均按照这两个标准的规定执行。对一些新出现的内容则可参照国内外室内相关制图的图例，结合所在公司的实际情况编制公司统一的图例。对各种常用的图框图标、文字、图例、符号均制作样图，必须统一，从而控制施工图的质量。

（2）施工图设计

对已确立的商场平面图进行区域划分，按照区域进行立面设计（图 9-20）。在设计方案所确定的设计风格及主导思想的原则指导下分别绘制各立面的布置图纸。有些重点部位还可以绘制出快捷的淡彩草图，用来对重点部位的色彩及艺术造型、高低层次进行推敲研究。立面是人在空间环境中关注得最多的地方，立面设计的风格对整个空间风格的形成具有举足轻重的作用。立面图体现了空间环境中众多的设计细节，包含了众多的设计内容。包括所有墙体造型及背墙摆放的商品陈列、销售柜及所有柱子的立面造型，大部分在中间区域摆放的销售柜架、造型展台、展区、橱窗以及剖面图、主要造型的施工图大样等。立面图设计完成后，这一项工程的主要定位尺寸、用料也基本上完成了。接下来是将所有的施工节点大样全部绘制出来。有的节点图在有关图集和材料使用说明中已有，只需加以引用、说明即可。

施工图设计较方案设计更为详细，除上面讲到的立面图（含立面剖视图）、装饰节点大样图外，还包括施工说明、材料表、门窗表、地面材料分布图、柜架布置图、顶棚构造图、顶棚灯具分布图以及需现场制作的家具和设施的详图等。

9.4.4 设计文件的形成

设计文件是一种被明确下来的，用以说明和表达设计方案，为设计实施提供各种依据的技术性图纸、表格、文字说明等的总和。设计文件一般包含如下内容：

（1）图纸目录

目录应放在最前面，不要编入图纸序号。其中的内容要列表写明序号、图纸名称、工程号、图号、备注等，便于对设计图纸进行查询。

（2）设计说明

包括设计方案的总体构思、设计手法、风格特征以及施工材料和施工工艺、施工技术等技术性问题。

（3）材料清单

包括各空间的构造性装饰材料和空间界面表层装饰材料、施工用的辅助性材料、五金配件、洁具、灯具、家具等。

（4）材料样本

包括关键性的构造材料和主要的表面装饰材料，如地面的石材、地砖、地毯、地板等，墙面的石材、墙砖、墙纸、涂料油漆、木材、装饰面板、纺织面料等。

（5）造价概算

包括各类材料单价、施工（每 1m、每 $1m^2$ 或每件）单价、每类型施工工程总量，每类型施工的总价以及全部施工总价。

（6）总平面图

（7）各个空间平面图

（8）地面施工图

包括地面平面图、地面施工材料构造剖面图及节点大样，以及施工说明。

（9）家具设施平面布置图

需现场制作的家具、设施的详图。

（10）立面图

空间各立面展开图、各空间不同方向的剖面图，各装饰细节的构造节点大样图。

（11）顶棚施工图

顶棚施工图中的顶棚平面图，须标明室内灯具安排的准确位置，灯具类型、型号等，空调出风口位置、消防喷淋系统位置等，顶棚吊顶构造的剖面图、节点大样图及材料和施工说明。

（12）室内透视效果图

设计图纸完成之后，设计方需要组织相关技术人员对设计图纸进行会审，对设计中存在的问题提出意见，互相进行技术协调。对这个过程进行记录的文件交图纸会审记录。这也是设计文件的组成部分。

9.5 毕业设计后续环节

以上设计完成之后经指导教师批准设计就进入图纸打印、文本装订、展板设计、答辩准备及毕业答辩阶段，各个阶段的具体要求见本书第 2 章～第 4 章。

注 1（图 9−11）韩放．购物空间规划与设计．福州：福建科学技术出版社，2004 ．

注 2（图 9−2．图 9−13）英格丽德 · 文茨 − 加勒．精品店设计 /Ingridweni-Gahle．大连：大连理工大学出版社，2004．

注 3（图 9−3．图 9−4．图 9−12．图 9−15）（日）六耀社 (Rikuyosha 公司)．橱窗与陈设．福州：福建科学技术出版社，2004．

注 4（图 9−7．图 9−9．图 9−10．图 9−14）贝思出版公司编．卖点．南昌：江西科学技术出版社，2004．

参考文献

[1] 美 · 卢安 · 尼森，雷 · 福克纳，莎拉 · 福克纳著 . 陈明德，陈青，王勇等译 . 美国室内设计通用教材 [M]（第一版）. 上海：上海人民美术出版社，2004.

[2] 陆震伟，来增祥 . 室内设计原理（下）. 北京：中国工业建筑出版社 . 2002.

[3] 刘超英，张玉明主编 . 建筑装饰设计 [M]. 北京：中国电力出版社 . 2004.

[4] 中国建筑工业出版社. 书稿译注编校工作手册 [M]. 第五版. 北京：中国建筑工业出版社，2006.

[5] 王薇. 普通高等学校本科毕业设计（论文）指导（理工科卷）[M]. 杭州：浙江摄影出版社，2006.

[6] 宁波工程学院教务处. 宁波工程学院毕业设计（论文）工作操作指南 [EB/OL]. http：//www.nbut.cn.

[7] 韩放. 购物空间规划与设计 [M]. 福州：福建科学技术出版社，2004.

[8] 英格丽德 · 文茨 - 加勒. 精品店设计 /Ingridweni-Gahler [M]. 大连：大连理工大学出版社，2004.

[9] （日）六耀社（Rikuyosha 公司）. 橱窗与陈设[M]. 福州：福建科学技术出版社，2004.

[10] 贝思出版公司编. 卖点. 南昌：江西科学技术出版社，2004.

[11] 郑曙旸. 室内设计思维与方法 [M]. 北京：中国建筑工业出版社，2003.

[12] 刘超英 . 家装设计攻略[M]. 北京：中国电力出版社，2007.

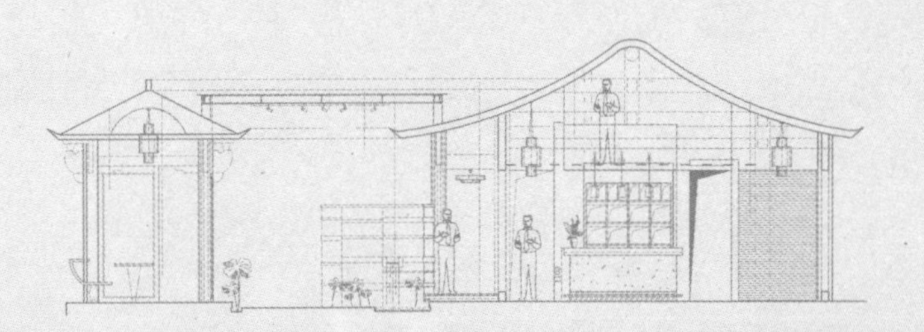

附录A　案例：宁波工程学院建筑装饰专业部分毕业设计指导文件

附录 A-1 案例

NAA4321R03-02	毕业设计大纲

建筑工程学院

2004级建筑装饰设计与施工专业

毕业设计大纲

1. 毕业设计课程的性质和任务

1.1 毕业设计课程性质

毕业设计是学生在学校阶段最重要的一个设计实践课程，在这个实践课程中，学生要综合运用在校学到的知识，结合时代和社会的需求，把自己最有亮点的特质展现出来。

1.2 毕业设计课程任务

按学校下达的毕业设计任务书和国家的规范要求的要求，保质、保量、按时完成下列任务：

1. 选题申报
2. 文献综述
3. 开题报告
4. 设计文本
5. 设计展板
6. 答辩提纲

以上设计完成之后，还要求提供文本全套电子文件，举办毕业设计展览，完成毕业设计答辩。

2. 毕业设计课程的基本要求

2.1 毕业设计总体要求

能够较好地体现本专业基本知识、基本技能的综合应用，具有较强的分析与解决问题的能力并表现出有独特见解或创造性；

学会分析探索客户心理，针对用户需求解决具体的设计问题。能够运用行业法律法规处理设计项目中的实际问题，掌握市场调研，查阅专业文献资料，精彩地表达设计构思。

设计作品要件完整，设计规范。

2.2 毕业设计题目要求

2.2.1 社会热点

选题必须是当今社会的时尚潮流和业主最关心的问题。

2.2.2 专业要求

能够较好地体现本专业基本知识、基本技能的综合应用，具有较强的分析与解决问题的能力并表现出有独特见解或创造性；能较好反映出作者熟练地综合运用所学理论和专业设计知识，具有较强的分析问题、解决问题的能力。

设计作品完整，规范。

2.2.3 题日深度

1. 家居设计类项目及面积限制

普通家居面积150m^{2}以上。鼓励选择有特色的项目，如复式跃层、别墅、连体别墅。房地产或家装公司的样板房面积在100m^{2}左右。采用优秀的套型，要有鲜明的设计追求。

2. 公建设计类项目及面积限制

办公环境设计类项目可选择区、县政府行政中心或中小型公司总部。

旅游宾馆环境类项目可选择准三星青年商务宾馆或度假村类宾馆。

商业环境类项目可选择品牌商品的旗舰店或茶馆咖啡厅。

展示环境类项目可选择汽车或商品房类商品展示。

以上各类项目面积在 500 ~ 1000m^2 左右，项目的特色要明显。

2.2.4　毕业设计题目类型

1. 真题真做型

题目必须是本行业内企业或个人委托的实际设计课题。

2. 概念设计型

题目体现出一定的深度、广度，尤其是创新度原创的设计。

题材不限，但内容必须健康，不得涉及与国家法律相抵触的内容。

3. 毕业设计课程教学内容、环节、说明及学时分配

3.1　教学内容

准备阶段——进行毕业设计动员，讲解毕业设计任务、进行毕业设计指导、落实毕业设计单位，选取设计方向，完成相关调研

开题阶段——具体指导选题申报表、文献综述、开题报告具体指导

初步设计阶段——具体指导总平面设计和主要效果图具体指导

深入设计阶段——具体指导完成立面图和构造施工图具体指导

文本整理阶段——具体指导完成设计审核、文件打印、装帧具体指导

展览答辩阶段——具体指导完成作品展示和毕业答辩具体指导

3.2　教学环节

准备阶段——完成实习准备、题目准备、调研准备、文献准备的相关任务

开题阶段——完成选题申报表、文献综述、开题报告

初步设计阶段——完成总平面设计和主要效果图

深入设计阶段——完成立面图和构造施工图

文本整理阶段——完成设计审核、文件打印、装帧

展览答辩阶段——完成作品展示和毕业答辩

3.3　学时分配

周	教学任务	学时分配
1	动员／下发毕业设计任务书通用要求部分及系列指导文件	0.5 周
1 ~ 6	毕业实习	5.5 周
7	提交选题申请表／批复申请表	0.5 周
7 ~ 8	提交文献综述／开题报告	1 周
8	批复开题报告	0.5 周
9 ~ 11	初步设计	3 周
12	确定初步设计	0.5 周
12 ~ 14	施工图设计	3 周
15	审核施工图	0.5 周
15	打印／装帧／上交毕业设计文件	0.5 周
16	毕业设计布展／毕业设计展览开幕仪式	0.5 周
16	毕业答辩／毕业设计评价／毕业设计总结	0.5 周

4. 推荐的参考文献

[1] 美 · 卢安 · 尼森，雷 · 福克纳，莎拉 · 福克纳 著 . 陈明德，陈青，王勇等译 . 美国室内设计通用教材 [M]. 第一版 . 上海：上海人民美术出版社，2004.

[2] 刘超英，张玉明主编 . 建筑装饰设计 [M]. 第一版 . 北京：中国电力出版社 . 2004.

[3] 杜台安 . 室内设计经典 [M]. 第一版 . 广州：广东旅游出版社，2004.

[4] 时尚家居 . 时尚家居杂志社 [J]，2004 ~ 2006.

[5] 深圳市南海艺术设计有限公司 . 装潢世界 [J]. 海口：海南出版公司 (01–)

[6] 中国建筑学会室内设计分会 . 中国室内设计大奖赛优秀作品集 [M] . 天津：天津大学出版社，2003.

附录 A-2 案例

NAA4321R03-03	毕业设计通用任务书

建筑工程学院

2004级建筑装饰设计与施工专业

毕业设计任务书

通用要求部分

发题日期：2006 年 12 月 28 日

完成期限：2007 年 6 月 1 日

答辩日期：2007 年 6 月 2 日

专业主任： 刘超英

分院院长： 蔡可键

毕业设计任务书的构成说明

毕业设计的任务书由通用要求部分和个性要求部分共同组成，通用部分由专业教研室集体讨论拟定，报请学院毕业设计领导小组批准。

个性要求部分由指导教师和被指导学生共同商议拟定，报请专业教研室集体讨论批准。

建筑装饰设计与施工专业毕业设计任务书

（通用要求部分）

1．毕业设计允许的两种题目类型

1.1　真题真做型

题目必须是本行业内企业或个人委托的实际设计课题。

1.2　概念设计型

题目体现出一定的深度、广度，尤其是创新度，必须是原创的设计。

题材不限，但内容必须健康，不得涉及与国家法律相抵触的内容。

2．毕业设计题目要求

2.1　社会热点

选题必须是当今社会的时尚潮流和业主最关心的问题。

2.2　专业要求

能够较好地体现本专业基本知识、基本技能的综合应用，具有较强的分析与解决问题的能力并表现出有独特见解或创造性；能较好反映出作者熟练地综合运用所学理论和专业设计知识，具有较强的分析问题、解决问题的能力。

设计作品完整，规范。

2.3　题目深度

2.3.1　家居设计类题目面积限制

普通家居面积 150m^2 以上。鼓励选择有特色的项目，如复式跃层、别墅、连体别墅。

房地产或家装公司的样板房面积在 100m^2 左右。采用优秀的套型，要有鲜明的设计追求。

2.3.2　公建设计类题目面积限制

办公环境设计类项目可选择区、县政府行政中心或中小型公司总部。

旅游宾馆环境类项目可选择准三星青年商务宾馆或度假村类宾馆。

商业环境类项目可选择品牌商品的旗舰店或茶馆咖啡厅。

展示环境类项目可选择汽车或商品房类商品展示。

以上各类项目面积在 500 ～ 1000m^2 左右，项目的特色要明显。

3. 毕业设计必须完成六项通用任务和具体要求

3.1　选题申报书

填写选题申报表，提出 1 个主选题目和 3 和备选题目，供比较选择。

3.2　开题报告

开题报告包含下列要素：

1. 标题

主标题——毕业设计的主题；副标题——毕业设计的项目名称。

2. 提要

200 个汉字左右对全篇文件综述的中心内容进行概括性的文字。

3. 关键词

3 ~ 5 个，要求准确、简短、概括。尽可能从《汉语主题词表》中选择规范型用词。

4. 目录

采用二级目录编排形式。

5. 概况

说明下列项目背景情况：

1）工程名称——某住宅或某工程名称。

2）项目规模——某某结构，共几层，面积多少平方米。

3）业主要求——概括说明业主要求，文字 100 ~ 150 字左右。

6. 研究大纲

说明下列情况：

1）题目来源——获得题目的渠道。

2）选题依据——毕业设计任务书的要求、实习公司的设计任务、时尚关注的热点、本人的兴趣。

3）研究意义——用约 200 字左右的文字进行说明。

4）研究步骤——详细说明每一个研究的步骤。

5）研究方法——简要说明设计研究采用的具体方法。

6）保证措施——在时间、交流、诚信、物质四方面进行保证。

7）工作进度——详细列出工作日程。

7. 调研与思考

主要说明下列情况：

1）原始套型及综合分析——简要说明原始套型的优点和缺点及改造手段。

2）业主调查及综合分析表。

3）市场调查及综合分析。

4）材料推荐表。

5）设备推荐表。

6）家具推荐表。

8. 设计提纲

主要说明下列情况：

1）设计理念提炼——4 ～ 12 个简要的文字说明设计的理念。

2）设计的主要着力点——100 个文字左右进行概括。

3）空间及功能——100 个文字左右进行概括。

4）设计风格——用一句话概括。

5）技术措施——100 个文字左右进行概括。

6）造价水平——用一句话表述。

7）效果表现——拟绘制的效果图清单。

8）施工图表现——拟绘制的施工图清单。

3.3 文献综述

文献综述是开题报告的一个附属文件，主要是为开题报告的撰写所作的一些理论准备。高职高专学生毕业设计文献综述不少于 2000 字。它的写作内容应包括:

1. 题目

可以与毕业设计的题目相同，也可以另行列题，但主题必须相同。

2. 前言

200 个汉字左右。在这部分中，主要介绍毕业设计的选题。首先要阐明选题的背景和选题的意义。选题需强调设计背景，说明该设计主要解决的问题，要使读者感受到此选题确有实用价值或学术价值。

3. 综述

1700 字左右。综述部分主要阐述该选题在相应学科领域中的发展进程和研究方向，特别是近年来的发展趋势和最新成果。通过与中外研究成果的比较和评论，说明自己的选题是符合当前的研究方向并有所进展，或采用了当前的最新技术并有所改进，目的是使读者进一步了解选题的意义。

4. 结论

用 100 字左右的简明的语言概况综述的结论。

5. 参考文献

高职高专层次的学生毕业设计至少需要阅读八篇相关的参考文献。参考文献的编列方法要符合国标《文后参考文献著录格式规则》GB 7714—1987。

开题报告和文献综述的装帧另行规定。

3.4 设计文本

包含下列要素：

1）封面——封面设计必须有的要素：宁波工程学院名称／标志／建工学院建筑装饰工程技术专业毕业设计／主标题、副题目／班级、学号、姓名。

其他可选要素：平面图案／效果图／照片／色块／英文或拼音／为自己设计一个识别标志。

2）目录——2 栏表格式。

3）设计说明——包含下列要素：设计依据／技术要求和检验依据／对设

计版权的保护申明／免责条件。

4）效果图——3 ~ 5张，A3横向，jpg格式，精度350dpi。

5）设计图纸——包含下列要素：原始平面图／平面布置图／顶面布置图／地面布置图／强电布置图和原理图／弱电布置图／水管布置图／各个房间的立面图（每张图画1 ~ 2个立面）／重要部分构造节点。

3.5 设计展板

包含下列要素：题目／理念说明文字／作者介绍／作者照片／设计效果图／总平面／图片说明／精彩立面或构造图。

要求按指定的模板设计，尺寸：800×1200，竖向。版面设计整体感强，排版均衡，图片清晰度高，表面覆亚光薄膜，灰色U形细塑料条包边。

3.6 答辩提纲

包含下列要素：

时长5分钟左右的PPT或其他适合演示的多媒体文件，主要说明设计背景、设计理念、总平面、主要效果图、精彩立面图和构造图，设计的主要收获。

要求画面排版清晰、文字鲜明、动画得当。

4. 电子文件要求

4.1 电子文件命名要求

建筑装饰毕业设计要求提供文本全套电子文件，电子文件的命名格式：

1. 文件夹命名方式

学校＋学院＋专业＋短学号＋姓名。（例：NAA4101某某某）

2. 文本文件命名方式

学校＋学院＋专业＋短学号＋姓名＋文件名。（例：NAA4101某某某开题报告.doc）

3. 效果图文件命名方式

学校＋学院＋专业＋短学号＋姓名＋文件名。（例：NAA4101某某某起居室.jpg）

4. 施工图文件命名方式

学校＋学院＋专业＋短学号＋姓名＋文件名。（例：NAA4101某某某施工图.dwg）

4.2 文件格式和精度要求

1. 文本文档

电子文档用word编写，文档格式（*.doc）。

2. 效果图

彩图电子文档格式：（*.jpg），精度要求300dpi以上。

线图电子文档格式：（*.jpg），精度要求600dpi以上。

展板彩图文档格式：（*.jpg），精度要求150dpi以上，或采用（*.cdr）格式，附字体文件。具体要求根据模板设计排版。

画册彩图文档格式(*.jpg)，精度要求200dpi以上，或采用（*.cdr）格式，附字体文件。具体要求根据模板设计排版。

3. 施工图

施工图用AUTOCAD编写，电子文档格式：(*.dwg)和(*.dxf)。电子文档必须附字体文件。

4.3　文件夹文件的排列方式

以上文件按文件类型方式排列。

5. 推荐的参考文献

[1] 美·卢安·尼森，雷·福克纳，莎拉 · 福克纳 著．陈明德，陈青，王勇等译．美国室内设计通用教材[M]．上海：上海人民美术出版社，2004．

[2] 刘超英，张玉明主编．建筑装饰设计[M]．北京：中国电力出版社．2004．

[3] 杜台安．室内设计经典[M]．广州：广东旅游出版社，2004．

[4] 时尚家居杂志社．时尚家居 [J].2004 ~ 2006．

[5] 深圳市南海艺术设计有限公司．装潢世界[J]．海口：海南出版公司(1 － 8)．

[6] 中国建筑学会室内设计分会．中国室内设计大奖赛优秀作品集[M]．天津：天津大学出版社，2003．

6. 进度安排

序号	具体任务	完成日期	周次／星期
1	毕业设计动员，下发毕业设计任务书通用要求部分及系列指导文件，开始酝酿选题，开始毕业设计预实习	2006–12–28	第五学期 第17周／星期四
2	开始毕业实习	2007–2–28	第六学期 第1周／星期一
3	提交选题申请表	2007–3–1	第1周／星期四
4	批复申请表，开始文献综述和开题报告	2007–3–5	第2周／星期一
5	提交文献综述和开题报告初稿	2007–4–9	第7周／星期一
6	完成三审，批复开题报告	2007–4–18	第8周／星期三
7	开始初步设计	2007–4–19	第8周／星期四
8	提交初步设计方案	2007–4–26	第9周／星期四
9	完成三审，确定初步设计	2007–5–11	第11周／星期五
10	施工图设计开始	2007–5–14	第12周／星期一
11	完成三审，审核施工图	2007–5–30	第14周／星期三
12	打印装帧设计文件	2007–5–31	第14周／星期四
13	上交毕业设计文件	2007–6–1	第14周／星期五
14	毕业设计布展	2007–6–4	第15周／星期一
15	毕业设计展览开幕仪式	2007–6–6	第15周／星期三
16	毕业答辩	2007–6–11	第16周／星期一
17	毕业设计评价	2007–6–12	第16周／星期二
18	文件归档	2007–6–13	第16周／星期三
19	毕业设计总结	2007–6–15	第16周／星期五

附录 A-3 案例

NAA4321R03-04	毕业设计个性任务书

建筑工程学院2003级建筑装饰设计与施工专业

毕业设计任务书

个性要求部分

设计题目：

任古典穿行于现代

——宁海某别墅设计

报告编号：NBUTAA20060307
发题日期：2005 年 12 月 18 日
完成期限：2006 年 6 月 1 日
答辩日期：2006 年 6 月 2 日
学生姓名：胡 杰
指导教师：刘超英
专业主任：刘超英
分院院长：蔡可键
毕业实习单位：宁波市天一设计院印迦设计工作室
毕业实习时间：2005 年 2 月 13 日至 2006 年 3 月 24 日

建筑装饰设计与施工专业毕业设计任务书

（个性要求部分）

1. 建议研究方向

新古典风格的家居设计

2. 题目

任古典穿行于现代

——宁海某别墅设计

3. 研究要求

通过设计研究要达到下列要求：

1. 什么是新中式风格？
2. 如何将中国古典元素与现代空间表现手法相结合？
3. 如何营造出具有文化底蕴的时尚风格？
4. 如何把中式风格的古色古香与现代风格的简单素雅自然衔接，使生活的实用性和对传统文化的追求同时得到满足？

4. 研究目标

通过设计把古典设计要素及风格和现代时尚相结合，同时把现代的冰冷、生硬与古典的精致、繁复融合起来，营造出古雅而现代的美感。

5. 参考文献

[1] 上官消波．中式风格 [M]. 上海：上海辞书出版社，2004.

[2] 沈渝德．室内环境与装饰 [M]. 重庆：西南师范大学出版社，2000.

[3] 腾泽洪．论自然环境在室内的延伸 [A]. 上海：装饰装修天地，2000.

[4] 赵晓龙．环境艺术设计与理论 [M]. 哈尔滨： 哈尔滨工业大学出版社，2005.

[5] 魏书宏．风格 [M]. 成都：四川科学技术出版社，2001：55 ～ 87.

[6] 莫尚勤．第五园．蓝山－万科印象 M]. 武汉：华中科技大学出版社，2006.

[7] 孙逸增，汪丽芬．室内装饰手法 [M]. 沈阳：辽宁科技技术出版社，2000.

[8] 刘超英，张玉明．建筑装饰设计 [M]. 北京：中国电力出版社，2004.

NAA4321R05-05	毕业设计开题报告

> 所有文字首行缩进：4个字符，左对齐，字体字号不能改变！选中批注，点击右键，选择删除可以删除批注。

宁波工程学院建筑工程学院

> 学院名称

2003级建筑装饰设计与施工专业

毕业设计开题报告

> 学校标志

NINGBO UNIVERSITY OF TECHNOLOGY

宁波工程学院

设计题目：

任古典穿行于现代

> 毕业设计主标题，1号黑体字

——宁海某私人别墅设计

> 毕业设计副标题，4号宋体字

> 学院／系／专业／（首字母）学号

报告编号：NBUTAA20060307

发题日期：2005 年 12 月 28 日

> 日期按实替换

完成期限：2006 年 6 月 1 日

答辩日期：2006 年 6 月 2 日

学生姓名：×××

> 姓名栏按实替换

指导教师：×××

专业主任：×××

分院院长：×××

实习单位：宁波天一设计院印迦设计工作室

> 实习地点按实替换

实习时间：2006 年 2 月 13 日至 2006 年 3 月 24 日

> 日期按实替换

以下所有字体、字号、粗细、行距、位置、对齐不能改变！

摘要：

新中式风格不是纯粹中国古典元素的堆砌，而是通过对传统文化的认知，将现代元素和传统元素结合在一起，以现代人的审美需求来打造富有传统韵味的空间，让传统文化的脉络传承下去。

新中式风格主要包括两方面的基本内容，一是中国传统风格和文化内涵在当前时代背景下的演绎，二是在对中国当代文化充分理解基础上进行当代设计。新中式设计将中式家具原始功能进行改造，在保持中式感觉的基础上进行舒适化。

200字左右，用自己的文字替换

关键词：

新中式风格；中华文化；儒商气派

3～5个关键词，用自己的文字替换

鸣谢：

衷心感谢指导教师刘超英老师和其他老师的悉心指导！

用自己的文字替换，最长两行

目 录

二级目录，不必调整了！

1.项目概况

1.1　工程名称

宁海私人别墅

用自己的工程名称替换

1.2　项目规模

全框架结构别墅，共三层，面积达 400 多 m^2，周围景色优雅。

根据自己业主的情况替换

1.3　业主要求

业主是三口之家，男业主是一位 40 多岁的私营灯具企业的老总。业主要求：自己的家居环境要展现中华文化的韵味，档次也要突出，并要解决结构上的一些缺点。

用自己的业主情况替换，文字不要超过 150 个字

1.4　经济投入

主要部分装修投入水平预估 2000 元 /m^2。

根据自己业主的情况替换

2.研究大纲

2.1　题目来源

宁波市天一设计院印迦工作室

用自己的实习单位替换

2.2　选题依据

1．毕业设计任务书的要求：面积大于 150m^2 的平层或别墅

2．实习公司的设计任务：本设计院的设计委托设计项目

3．时尚关注的热点：新中式风格是目前正在兴起的家装风格。它越来越多地受到高端家装用户的欢迎。

4．本人的兴趣：本人对中式风格已经有了一段时间的学习和研究，对这一课题已经有了一定的理论准备，对这个项目有很大的兴趣和信心。

以上根据本人所在学校情况替换

2.3　研究意义

人们对流行已久的简约风格已经产生持续的审美疲劳，尤其对其文化缺失的深层原因强烈不满，因此需要用有民族性、文化性及装饰性的新装饰风格加以颠覆。新中式风格就是这样的一种装饰风格。这种风格不是简单地复制中国的传统明式或清式的家具及装饰，而是用现代人的审美观念和现代人的生活要求，在文化性和舒适性方面进行探索，造就一种既有传统文化的韵味又有现代时尚情趣的新家居面貌。

以上用自己的文字替换，文字不超过 200 字

2.4　研究步骤

以下用自己的文字替换，表达简明扼要

1．资料收集和理论准备：收集大量相关资料并阅读相关文献和设计案例，对本选题进行相应的理论准备。

2．设计研习：临摹大量明清家具和装饰。

3．社会调查：进行业主、原始套型、差异性、市场流行材料及设备的调查。

4．理念提炼：中华文化儒商气派。

5．初步设计：提出设计理念和3个总平面方案及3张效果图。

6．设计交流和设计确认：就初步设计与业主和指导教师进行沟通和交流，进行设计确认，不足之处按两方面的要求进行改进。

7．深入设计：进行施工图设计，按设计规范要求，进行面面俱到的施工图设计。

8．设计确认：施工图初步完成以后就涉及的相关工种进行技术协调，提请设计总监、指导教师和业主进行审核确认，办理相关手续。

9．设计交付：将设计文件交付委托者，将设计文件的电子稿交学校存档。

10．毕业设计文件制作：按毕业设计任务书的要求进行文本制作、展板设计和打印。

11．设计总结：对以上过程进行总结，分析得失，提炼经验并进行毕业答辩演示文件的准备和毕业答辩的准备。

12．设计答辩：提交答辩文件，进行毕业设计答辩。

以下用自己的方法替换

2.5　研究方法

综合运用调研法，传统借鉴法，参考改进法，三维模型预演法对本课题进行深入研究。

以下用自己的文字替换

2.6　保证措施

1．时间保证：确保充足的时间进行设计，并做到均衡分配时间，按时完成任务。

2．交流保证：按约定时间与业主、指导教师进行交流。

3．诚信保证：保证在约定的时间内完成约定的项目设计。

4．物质保证：实习公司愿意提供设计的设备和物质条件进行毕业设计。

以下用自己的进度和内容替换

2.7　工作进度

任务起	任务止	任务内容	交流对象
05年12月1日	05年12月5日	毕业设计动员、领取毕业设计任务书、毕业设计大纲、指导书	指导教师
06年2月1日	06年3月10日	实习；在实习单位取得题目；查找参考文献；准备文献综述	校外指导教师
06年3月10日	06年3月10日	确定题目，完成文献综述	指导教师
06年3月10日	06年3月20日	撰写开题报告	
06年3月20日	06年3月30日	通过开题报告审核	指导教师
06年3月30日	06年4月7日	初步方案设计，与客户沟通，出至少3个平面方案	客户与指导教师
06年4月10日	06年4月14日	确定平面方案	客户与指导教师
06年4月17日	06年4月21日	确定整体方案	指导教师
06年4月24日	06年4月28日	开始进行效果图	
06年4月29日	06年4月30日	确定效果图	指导教师
06年5月1日	06年5月8日	画施工图	
06年5月12日	06年5月20日	完成立面图	指导教师
06年5月22日	06年5月25日	提交全体图纸进行工种协调和审核	指导教师
06年5月26日	06年5月29日	打印文本、展板并进行设计交付、毕业设计提交	客户与指导教师
06年5月26日	06年6月2日	毕业答辩准备	
06年6月3日	06年6月5日	毕业答辩	答辩小组

3.调研与思考

原始套型及综合分析

用自己的原始套型图替换

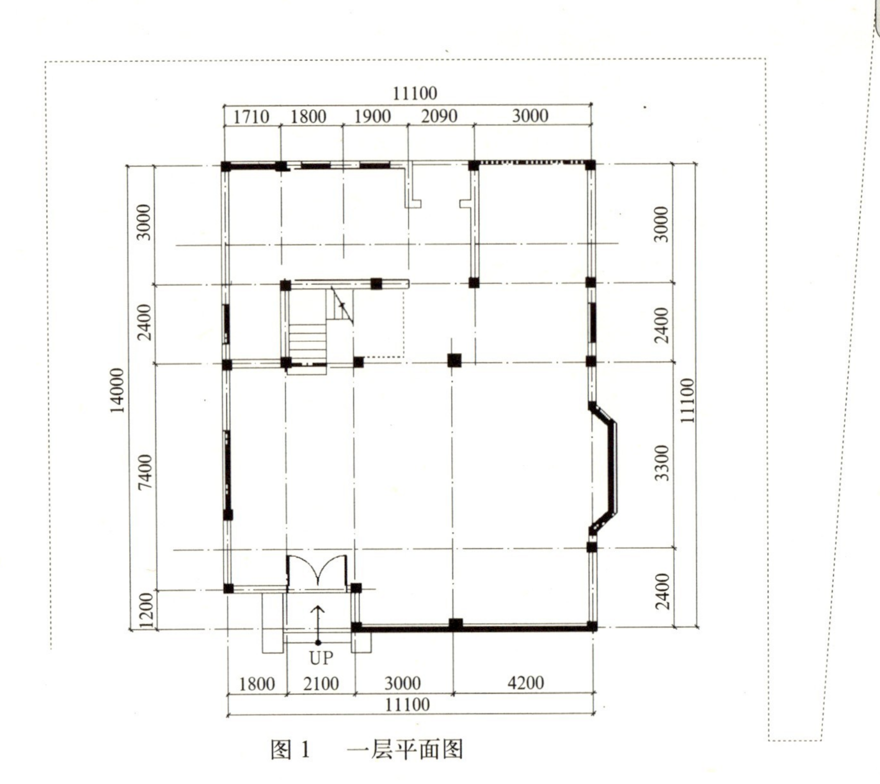

图 1　一层平面图

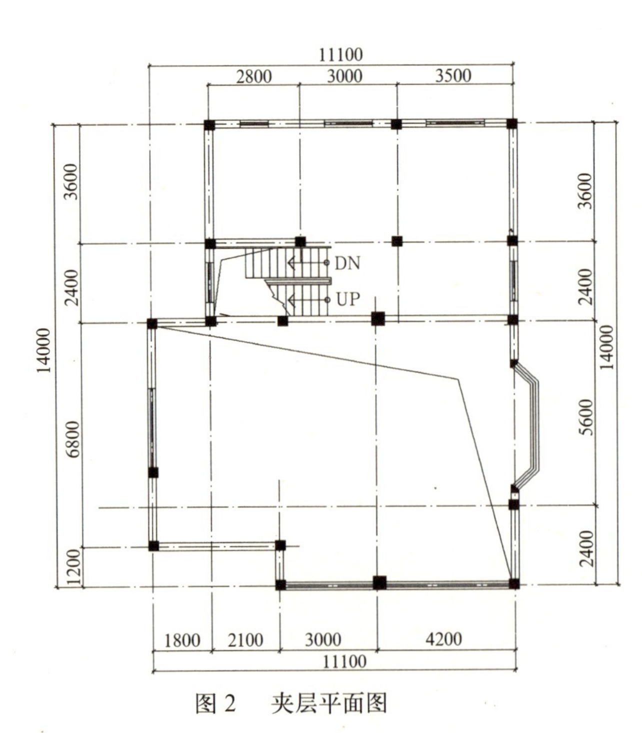

图 2　夹层平面图

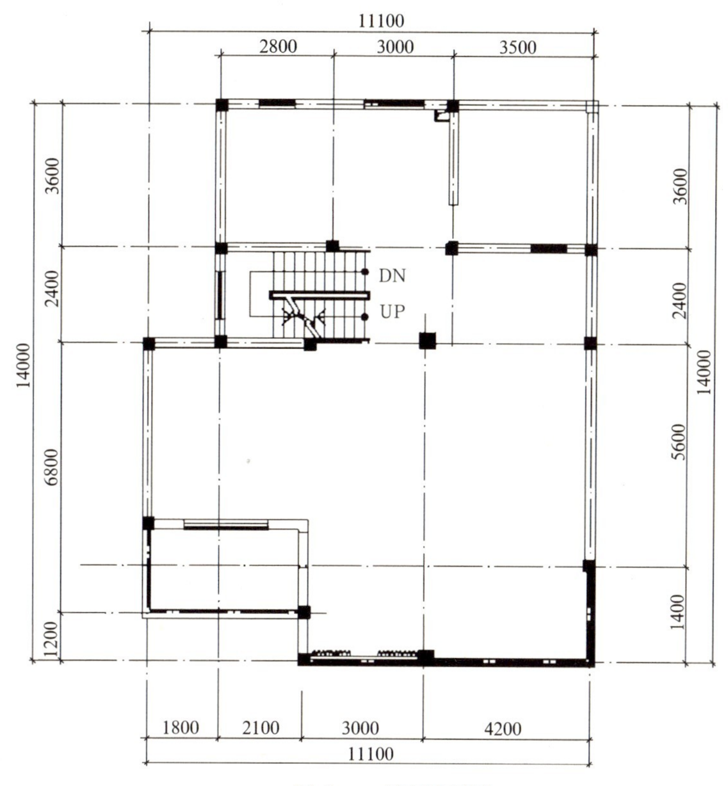

图 3　二层平面图

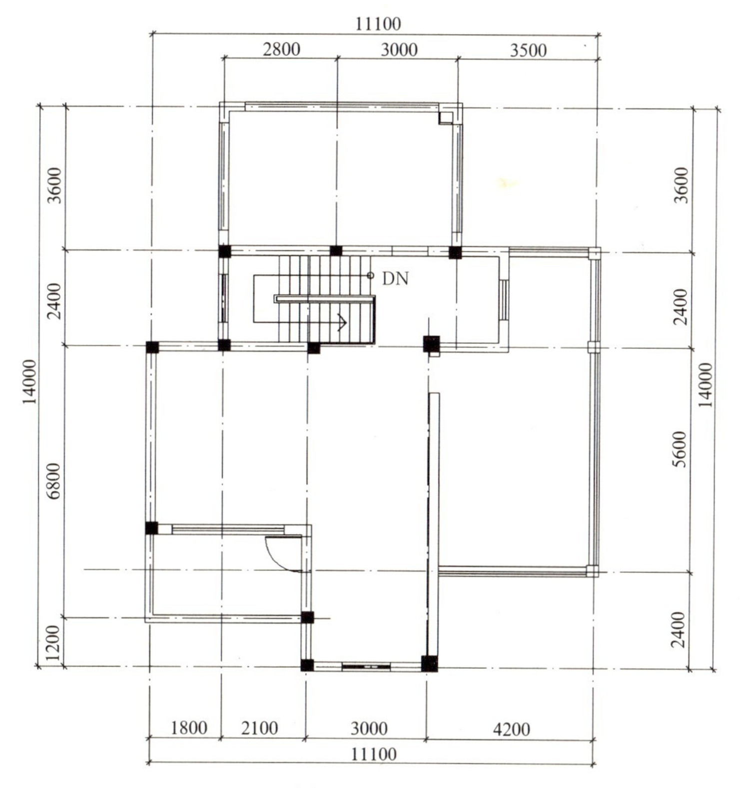

图 4　三层平面图

3.1 套型分析

按优点、缺点、改造分别分析

优点：

1．本套型为全框架结构，赋予设计师有很大的想象发挥空间。

2．周边环境幽雅，景色美观。

3．一层平面并带夹层，使一层空间显得非常高且进深显得很长，窗户很高，采光非常好。

缺点：

1．楼梯比较方正，是房子的败笔，没有什么突出的地方，给人生硬感。

2．一楼带夹层的梁比较粗大，如果设计时把梁包起来时就显得层高不够，不够气派，不像公寓房那样本来的层高就不高，这就要好好思考怎么把梁利用得天衣无缝。

改造：

1．将生硬的楼梯改成圆弧形，使其具有亲切感。

2．干脆将梁暴露出来，做成造型特色鲜明的装饰构件。

3．房子周围可设庭院，供来访者观赏景色，让来访者觉得主人家很气派并给人很亲切的感觉。

以下根据自己项目的业主情况替换

3.2 业主调查及综合分析表　　表一

评估内容	设计要求
家庭类型	三口之家， 收入固定、丰沛
成员情况	中年，男主人私营灯具外贸企业老板， 女主人企业财务总监，儿子重点初中
交往情况	经常有业务客人来访，包括一些外国客商
主要使用者情况	男主人工作弹性，朋友多，需要专门的客厅和娱乐空间
必须的功能配置	家庭影院、6座以上的座位、有第二起居室、电脑上网
附加的功能配置	健身设施和空间
对文化的要求	夫妻文化程度高，品味比较高雅，喜爱传统文化
特殊爱好	有灯具收藏爱好
心理价位	装修部分每 $1m^2$ 大约花费2000元
喜欢什么风格	新中式
在客厅的功能	招待客人、舒服地休息、卡拉OK、休闲阅读、喝茶、展示藏品
在主卧的功能	看电视，床上娱乐、落地窗前休闲、走入式衣帽间
在书房的功能	适应家庭商务的先进的电脑及外设、好友交谈的位置
在主卫的功能	长时间木桶泡澡、看电视、看书
在厨房的功能	有美食爱好，对菜肴有研究，希望有岛式操作台
家具选购及制作意向	主要选购成品

3.3 市场调查及综合分析表　　表二

根据自己的调查情况替换

地点	业主年龄	职业	风格	投入估价
天意家园某宅	50 岁左右	高级公务员	欧式	3000 元 /m^2
水上阑珊	35 岁左右	大学教师	地中海	1500 元 /m^2
天河家园	65 岁左右	作家	新中式	1500 元 /m^2
青林湾	45 岁左右	工企老板	明式	2000 元 /m^2
波波城	55 岁左右	商人	欧式	3000 元 /m^2
城市森林	40 岁左右	私企老板	欧陆风格	1800 元 /m^2
城市森林	30 岁左右	演员	Artdeao	1500 元 /m^2
城市森林	30 岁左右	外企高管	新简约	1200 元 /m^2
城市森林	30 岁左右	公务员	简约	800 元 /m^2

3.4 材料推荐表　　表三

根据自己的调查情况替换

序号	材料名称	数量	市场价格	品牌及规格	备注
1	木材	约 2m^3	约 1300 元 /m^3	樟子松	东北产
2	地板	约 80m^2	约 300 元 /m^2	大自然	国产名牌
3	大芯板	约 60 张	约 90 元 / 张	莫干山	国产名牌
4	纸面石膏板	约 38 张	约 30 元 / 张	龙牌	国产名牌
5	花梨木面板	约 100 张	约 190 元 / 张	莫干山	国产名牌
6	电线	另见清单		东方	国产名牌
7	水管	另见清单		皮而萨	国产名牌
8	五金	另见清单		汇泰龙	国产名牌
9	洁具	另见清单		TOTO	合资名牌
10	瓷砖	约 35m^2	约 300 元 / m^2	诺贝尔	国产名牌

3.5 设备推荐表　　表四

根据自己的调查情况替换

序号	设备名称	品牌与规格	市场价格	使用场合	安装尺寸及安装要求 (mm)
1	电视机	SONY/42’	约 17000	起居室	离地高 700（插座 800）
2	电视机	TCL/32’	约 9880	主卧室	离地高 700（插座 800）
3	电视机	TCL/32’	约 9880	次卧室	离地高 700（插座 800）
4	热水器	老板 /13 升天然气	约 2300	厨房	离地高 1700（插座 1700）
5	抽油烟机	老板 /	约 2100	厨房	与厨具组合(插座厨具内）
6	灶具	老板 /	约 1700	厨房	与厨具组合
7	消毒柜	老板 /	约 1600	厨房	与厨具组合
8	水斗	欧林 /	约 1380	厨房	与厨具组合
9	换气扇	奥普 /	约 560	厨房	吊顶安装，靠近内侧
10	冰箱	Lg/ 双开门	约 12000	厨房	四周留 100（插座 300）
11	浴霸	奥普 /	约 700	卫生间	吊顶安装，浴缸中心
12	空调	家用中央空调	约 37000	全宅	空调设计图
13	洗衣机	西门子 /5kg	约 7000	阳台	600 × 560 × 600

3.6 家具推荐表　　表五

序号	家具名称	数量和单位	限制尺寸（mm）	材料风格和色彩说明
1	沙发	1/组	3500×3000	真皮/新中式/栗壳色
2	单椅	2/把	中型	三防布面/新中式/栗壳色
3	茶几	2/个	1200×1200	木+玻璃/新中式/栗壳色
4	电视柜	1/个	3500×600×300	木/新中式/栗壳色
5	主卧床	1/张	2000×2200×500	织物/新中式/栗壳色
6	衣柜	1/组	4500×2200×600	木/新中式/栗壳色
7	床前几	2/组	600×500×500	新中式/栗壳色
8	次卧床	1/张	2500×2000×500	织物/新中式/栗壳色
9	鞋柜	1/个	1200×1100×300	木/新中式/栗壳色
10	写字台	1/张	1700×800×780	木/新中式/栗壳色
11	餐桌	1/张	1600×1000×780	木/新中式/栗壳色
12	餐椅	1/组	中型	三防布面/新中式/栗壳色

根据自己的调查情况替换

文献综述及参考文献见附件

4.设计提纲

4.1　设计理念提炼

中华文化；儒商气派

4.2　设计的主要着力点

在时尚的家居中如何体现中国文化的深厚的传统？如何用现代设计元素改造传统的设计元素？商人的家庭如何具有文化的意味？如何在其家庭中营造符合业主职业及身份的儒商气派？

用自己毕业设计主要着力点替换，文字100个左右

4.3　空间及功能

大空间的从容和气派，客厅同时就是家庭中的商务空间。

用自己的设计替换

4.4　设计风格

用新中式风格营造浓郁的文化氛围。

用自己的风格替换

4.5　技术措施

1．网络无处不在，数字电视无处不在。

2．客厅主要灯具开关采用声控，其他开关实行遥控。

3．采用家庭中央空调系统。

4．采用家庭热水供应系统。

以上用自己的技术措施替换

4.6　造价水平

装修投入2000元/m^2，不包括设备。

用自己的造价替换

4.7　效果表现

1．客厅效果图1张

2．主卧室效果图1张

3．主卫效果图1张

以上用自己的设计计划替换

4.8　施工图表现

全套施工图

5.指导教师评价

以下部分由指导教师填写，指导教师要根据开题报告的具体内容逐项评价

5.1 指导教师意见：

以下是指导教师对开题报告的评价

（1）开题报告评价：

1）题目的质量：

本设计的题目既明确了设计的主题，同时也有一定的文采，很时尚也很有吸引力。

2）选题的意义及价值：

本选题抓住了市场“装饰风”、“文化风”欣起的热点，同时又适合业主的审美要求。在研究上也有很大的空间。如能用时尚元素对传统文化进行适当的改造，创造出符合现代人审美要求的新家居形象，无疑是很有意义的。

3）参考文献的质量：

根据提交的参考文献看，参考文献基本是行业内最新的热门资料和权威书刊，作者也有一定的知名度，对课题研究具有较高的参考价值。

4）文献综述的质量：

针对参考文献进行了深入地阅读，并有自己独到的思考，提出了一些关键性的观点，对自己的设计有具体的指导意义。

5）调查分析的质量：

作者对自己的业主进行了深入的交流和详细的分析，较好地了解了业主的设计要求，使自己的设计有了明确的要求；同时，对原始房屋也进行了客观地分析，为在设计中扬长避短创造了条件。作者的材料、设备、家具的调研也比较具体和对路。从上面的情况来看，调查分析工作做的比较深入具体，具有较高的质量。

6）毕业设计的深度：

本毕业设计的深度符合设计任务书和毕业设计大纲的要求，设计理念比较先进，题目比较得当，设计创意有一定的新颖性，同时能结合实习公司业务的实际，设计很有研究意义。

7）文本格式的规范性：

开题报告、文献综述的写作内容和文本格式也符合规范要求。

8）开题意见：

综合上述因素，本人认为你的开题报告符合要求，同意开题。

希望你按自己的计划，均衡分配时间，及时完成各阶段的任务，出色地做好人生中这个意义重大的设计任务。在此建议你在毕业设计研究注意以下几个要点：

a.时尚元素如何与传统文化的结合

b.传统家具如何按人体工程学的要求进行改造

c．业主的需求和环境心理的专业要求要有机地统一

预祝你的毕业设计取得成功！

指导教师签名：________________

签 署 时 间：________________

(2) 教研室审核意见

以下是教研室的意见

■ 该生对本课题有深入的认识，准备充分，完全达到开题要求。

■ 该生对课题认识有一定深度，准备工作较充分，需进一步修改完善。

■ 该生对课题认识不深，准备工作不充分，未达到开题要求。

教研室主任：________________

批 准 时间：________________

5.2 指导教师对毕业设计评价：

以下是指导教师对毕业设计的评价

(1) 设计的合理性及可行性

本设计总体而言达到了开题报告设定的设计目标，能够体现“中华文化、儒商气派”的设计理念。设计的功能配置、空间布局、风格营造、材料选择、构造设计基本合理，技术措施也基本可行。

(2) 设计效果的表达

效果图选取了能够表现客厅气派的角度，场景真实可信，渲染细腻，效果统一，具有较强的表现力。

(3) 设计图的规范性

施工图基本上能够按照制图规范进行设计表达，图纸内容翔实，面面俱到，尺寸及材料标识基本正确。

(4) 设计的亮点

能够根据业主的特殊身份和特殊要求进行设计，很好地提炼了设计理念。对中国传统文化也进行了初步的研究，能够把现代设计手法和传统的设计元素很好地结合起来，营造了当今新生代文化商人的生活空间——既有浓郁的中华文化蕴味，又有从容、舒适、气派的家居环境，这是本设计的最大亮点。

(5) 不足之处

某些装饰图案及家具的造型略显粗糙，设计还不够精致。

(6) 总体评价

创意合理，表现充分，设计优秀。

5.3 指导教师评分

95分（优秀）

指导教师签名：________________

签 署 时 间：________________

5.4 评阅教师意见

评阅教师签名：________________

签 署 时 间：________________

5.5 教研室审核意见

□ 指导教师评价准确　　□ 指导教师评价过高，重新评价。

□ 指导教师评价过低，重新评价。

教研室主任签名：________________

签 署 日 期：________________

5.6 毕业设计领导小组意见

□ 同意教研室意见　　□不同意教研室意见，重新评价。

毕业设计领导小组组长签名：________________

签署日期：________________

附录 A-5 案例

NAA4321R05-06	毕业设计文献综述

宁波工程学院建筑工程学院

2003级建筑装饰设计与施工专业

毕业设计文献综述

文献综述标题：

以上格式不能变动

家装新风尚——新中式风格

黑体小1号字体

家装新风尚——新中式风格

胡　杰

（宁波工程学院建工学院装饰专业 03 － 1 班 315016）

黑体小 1 号字体，居中排列

空一行

仿宋 –GB23125 号字体，居中排列，接着空 1 行，字体相同写作者信息

引　言

宋体 5 号粗体，居中排列，上下各空 1 行，中间隔 1 个字符

中华民族有自己的主流文化取向，有自己的大众审美文化特征，这些传统要素非常值得我们去研究、分析，并在家装设计中加以应用。因为家装设计就是要反映一种生活方式、一种生活态度和一种文化品格。选择适合中国当代文化特征的当代家装设计，在设计中凸显自己的特色与风格，这就是“新中式风格”。

宋体 5 号字，首行缩进 2 个字符

综　述

宋体 5 号粗体，居中排列，上下各空 1 行，中间隔 1 个字符

2006 年，一种叫做“新中式”的装饰风格逐渐获得了一些中高端消费者的青睐。在家装设计师眼中，新中式家装流派既是对传统中式风格的演绎，又是对现代元素的融合。但在这些业主眼里，“新中式”是一种非常有文化味、有底蕴，同时又是十分前卫的装饰风格。

有一句经典的话说：“新中式风格”就像是最时尚的歌手唱着最古典的韵味，我们因此而拥有的是优雅而舒适的生活态度。那么，究竟何谓“新中式风格”的装修呢？

新中式风格主要包括两方面的基本内容：

1. 中国传统风格文化内涵在当前时代背景下的演绎；

2. 建立在对中国当代文化充分理解基础上的当代设计。

新中式风格不是纯粹的元素堆砌，而是通过对传统文化的认识，将现代元素和传统元素结合在一起，以现代人的审美需求来打造富有传统韵味的风格，让传统艺术在当代社会得到合适的体现。新中式设计将中式家具原始功能进行演变，在形式基础上进行舒适变化。

“新中式风格”营造最大的要点就是对待传统要有破有立。

有专家认为：最宠爱的新中式风格是隋唐、明清。“新中式风格”最重要的表现特征就是借鉴和继承了隋唐、明清时期家居理念的精华，将其中的经典元素加以提炼，并予以丰富，同时抛弃了原有空间布局中等级、尊卑等封建思想，给传统家居文化注入了新的气息。

为什么说“新中式”越来越流行？因为相比于新中式，旧中式风格里存在很多“好看不好用，舒心不舒身”的弊端。比如说传统的木座椅，更多的讲究的是坐姿，“坐得端正”，而在适用性和舒适度上存在不足，不能“坐得舒服”，不能迎合现代人对适用和舒适度的追求。

中国传统居室非常讲究空间层次感。在传统旧中式风格中，客厅、厨房、卧室相对独立。而新中式风格借鉴了现代空间布局思想，在空间上强调连贯和渗透。起居室可以和书房连接在一起，客厅又可以和餐厅进行结合，渗透性的空间层次将旧中式风格打破了。

“新中式”新在哪里

多数专家认为：“新中式风格，是对传统中国化的要素在现代背景下加以继承和演绎，也是现代元素和传统元素完美的融合。”新中式风格既接纳传统，又融合现代材质，以现代人的审美需求来打造富有传统韵味的风格。

在客厅中，传统的中式布局讲究长幼尊卑，采用严格对称的形式，给人的感觉庄重有余,温馨不足。而“新中式”在客厅布局上往往采用“M”式沙发布局，使大家能坐在同一个高度进行平等交流。

在卧室中，传统中式床叫做“床榻”，是四柱式或者六柱式的架子床，架子上可以围上帷幔，床顶部有顶盖，有很多雕刻和装饰纹路。虽然好看，但并不好用。“新中式”抛弃了好看不好用的卧室设计，引入席梦思，使休息空间更开放。

比如厨房，古代厨房专供女人出入，都比较隐秘，而新中式风格厨房讲究是开放，让一家人共同参与。特别是有孩子的家庭，让孩子积极参与劳动，有助于家庭情感交流。

在卫生间，古代没有什么像样的卫生设施，而现代舒适美观的卫生间应该更多地透露出文化的气息，可惜市场上并没有太多的产品可供选择。只有在空间装修方面做文章，用空间界面营造中式的氛围，同时不排斥浪漫舒适的享受。

对“新中式风格”的演绎重点包括两方面要素：

一是中国传统文化在当前时代背景下的演绎；这意味着不能把古代的东西原封不动地拿来，而是要用现代意识、现代人的审美情趣去改造传统的设计元素；二是在传统中式风格的基础上进行的当代设计。就是要把最新的科学技术、最新的材料融入传统的设计文化之中，使之不但有浓郁的中华文化味，而且也适合现代人享受生活的要求。

结　论

宋体 5 号，居中排列，上下各空 1 行，中间隔 1 个字符

“新中式风格”就是将具有深厚的中华传统文化元素与当今时代的精神文化元素很好地结合起来，打造出具有现代中国文化特色的家装设计风格。

参考文献

上空 2 行顶格排列，宋体 5 号粗字体

顶格排列，宋体 5 号字体

[1] 上官消波．中式风格 [M]．上海：上海辞书出版社 ,2004．
[2] 刘超英．建筑装饰设计 [M]．北京：中国电力出版社 ,2004．
[3] 赵晓龙．环境艺术设计与理论 [M]．哈尔滨：哈尔滨工业大学出版社 ,2005．
[4] 腾泽洪．论自然环境在室内的延伸 [A]．上海：装饰装修天地 ,2000．
[5] 魏书宏．风格 [M]．成都：四川科学技术出版社 ,2001:55 ~ 87．
[6] 莫尚勤．第五园 – 蓝山 – 万科印象 [M]．武汉：华中科技大学出版社 ,2006．
[7] 孙逸增，汪丽芬．室内装饰手法 [M]．沈阳：辽宁科学技术出版社 ,2000．
[8] 沈渝德．室内环境与装饰 [M]．重庆：西南师范大学出版社 ,2000．

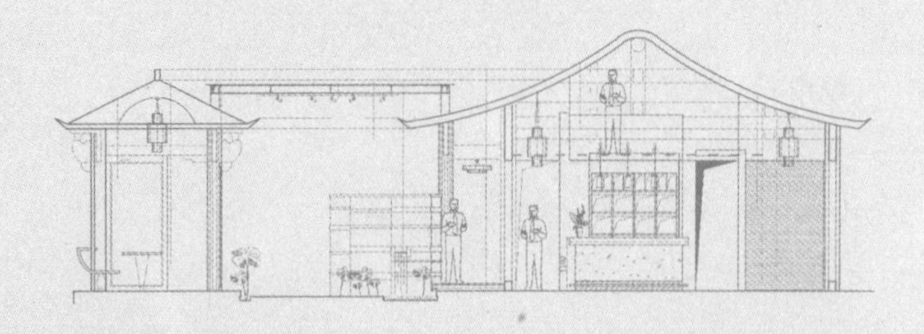

附录B　文件：高职高专教育建筑类专业指导分委员会优秀毕业设计作品奖评选办法

全国高职高专建筑类专业指导分委员会
优秀毕业设计作品奖评选办法

为提高高职高专教学质量，倡导求实、创新的学风，搭建高职高专教育建筑类专业教育成果展示平台，促进各院校间教育与交流，高职高专教育建筑类专业指导分委员会决定设立全国高职高专教育建筑类专业优秀毕业设计作品奖，特制定本办法。

一、评选对象及范围

凡全国开设建筑类专业的高职高专院校均可推荐学生毕业设计作品参加评选。参评毕业设计作品必须是高职高专院校应届毕业生的毕业设计作品。鼓励推荐申报由团队合作完成的优秀毕业设计作品。

每年在学校申报基础上分类评出优秀毕业设计作品100件（组、套）左右。

二、参评作品推荐条件

推荐参评的毕业设计作品须具备以下条件：

1. 符合国家和建设部、行业协会颁布的有关标准、规范要求，设计合理，使用功能完善；

2. 必须为当年的校级优秀毕业设计作品，且为学生本人独立或学生团队合作完成。作品设计理念清晰，选题科学，且符合本专业教学要求；

3. 推荐的优秀毕业设计的选题应为企业、公司、社会团体等单位的实际设计课题（项目）进行“真题真做”，或者是具有原创概念的设计作品，并体现出一定的深度、广度，尤其是创新度；

4. 能够较好地体现本专业基本知识、基本技能的综合应用，分析与解决问题的能力并表现出独特见解或创造性；

5. 设计作品整体质量较高；

6. 题材不限，但内容必须健康，不得涉及与国家法律相抵触的内容；

7. 参赛作品要精致、整洁、标准、规范。

三、评优推荐要求和数量

学校推荐的毕业设计作品必须经校内公示之后方能上报，并保证为学生本人独立完成或学生团队合作完成。

院校推荐的学生优秀毕业设计作品数量不超过学校当年建筑类专业毕业生总数的10%。

四、奖项设置与奖励形式

1. 按照专业性质分为以下5个类别，获奖数量按参评作品数量而定，控制在20%。为保证质量，一、二、三等奖根据实际情况均可空缺。

建筑设计（古建筑）建筑装饰（室内设计） 园林（景观）设计 城镇规划设计 其他

2. 奖励形式

由教指委颁发获奖证书。

3. 评奖办法

根据各专业特点从创新、方案设计、施工图、效果图等方面综合评定。

五、组织形式和职责

1. 高职高专建筑类专业优秀毕业设计作品奖由全国高职高专教育建筑类专业教学指导分员会(以下简称教指委)主办，全国各高职高专院校可申报承办。教指委将根据规定的条件与程序，确定承办单位。如有赞助单位，可以冠名。

2. 教指委以承办单位人员为主，成立建筑类专业优秀毕业设计作品奖组织工作委员会，下设办公室，办公室具体负责作品收集、整理归类以及资格审查等具体工作。初审主要是资格审查，对提交的参赛作品不符合申报标准和要求的要退回或通知参赛学校重新补办。

3. 建筑类优秀毕业设计作品奖评审采取专家组初评，教指委最终审定并将终审结果在网上公示后予正式公布的办法进行。专家组按不同的专业类别组成，由教指委在全国范围内选聘。初评委专家由学术造诣较深，设计经验与教学经验丰富的专家组成，并形成专家资料库。教指委全体成员是终审评委。

六、申报与评审程序

1. 优秀毕业设计作品奖的评选工作从2007年开始试行，以后每年开展一次。作品征集时间为每年7月份，作品评审时间为每年8月份。学校推荐参评的毕业设计，须填写《全国高职高专建筑类专业优秀毕业设计作品奖推荐表》，并提供作品图片、光盘等相关材料。

2. 每年7月1日之前各院校准备好申报材料，用电子文件报给建筑类专业优秀毕业设计作品奖组织委员办公室。

3. 7月底前“组委会”对送评作品进行资格审查后确认入围作品。

4. 8月上旬由“教指委”委任或邀请的专家组对作品进行分类初评。

5. 8月20日左右“教指委”进行终评。月底进行公开展览和颁奖。

七、相关制约

1. 作者本人对涉及知识产权问题，责任自负。

2. 参加评选并获奖的作品，在评选或展览过程中，如发现有不符本办法的规定或涉及仿冒、抄袭者，“组委会”可随时暂停或取消其参加评选和展览的权利，并召集评审委员会审议处理，取消其获奖资格，并追回已颁发的证书，同时向外公布。

3. 获奖作品的知识产权归作者本人所有，但建筑类专业毕业设计奖组织工作委员会有运用参赛奖获奖作品的照片、电子文档及说明文字等相关资料，作为展览、宣传、摄影及出版等用途的权利，参赛者应积极配合相关宣传与推广活动。

八、其他相关活动

1. 举办全国高职高专建筑类专业优秀作品巡展(具体办法另定)。

2. 举办高职高专建筑类专业优秀设计作品颁奖大会，同时可以举办专家论坛、优秀毕业设计指导经验交流会。

3. 优秀毕业设计和毕业生的宣传活动。获奖作者和作品将在有利于扩大影响力和毕业生就业的媒体上广泛宣传。

4. 出版一年一度的《全国高职高专建筑类专业优秀毕业设计获奖作品集》。

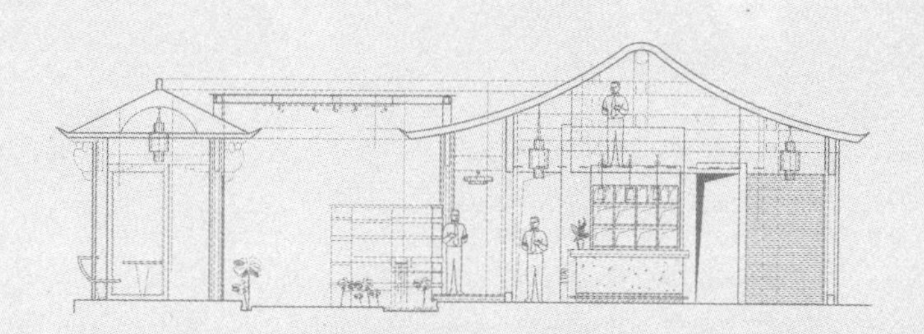

附录C 毕业设计案例：全国建筑装饰专业首届毕业设计竞赛部分获奖作品

一等奖

作品标题：

任古典穿行于现代
——宁海某别墅设计

获奖院校：宁波工程学院建筑工程学院

获奖作者：胡　杰

指导教师：刘超英

获奖作品设计说明

新中式风格不是纯粹中国古典元素的堆砌，而是通过对传统文化的认知，将现代元素和传统元素结合在一起，以现代人的审美需求来打造富有传统韵味的空间，让传统文化的脉络传承下去。

新中式风格主要包括两方面的基本内容，一是中国传统风格文化内涵在当前时代背景下的演绎，二是建立在对中国当代文化充分理解的基础上进行的当代设计。新中式设计将中式家具原始功能进行改造，在保持中式感觉的基础上进行舒适化改造。

设计的主要着力点是在时尚的家居中如何体现中国文化的深厚传统？如何用现代设计元素改造传统的设计元素？商人的家庭如何具有文化的蕴味？如何在其家庭中营造符合业主职业及身份的儒商气派？

对获奖作品的点评

点评者：指导教师　刘超英

设计的合理性及可行性：

本设计总体而言达到了开题报告设定的设计目标，能够体现“中华文化、儒商气派”的设计理念。设计的功能配置、空间布局、风格营造、材料选择、构造设计基本合理，技术措施也基本可行。

设计效果的表达：

效果图选取了能够表现客厅气派的角度，场景真实可信，渲染细腻，效果统一，具有较强的表现力。

设计图的规范性：

施工图基本上能够按照制图规范进行设计表达，图纸内容翔实，面面俱到，尺寸及材料标识基本正确。

设计的亮点：

本设计的最大亮点是能够根据业主的特殊身份和特殊要求进行设计，很好地提炼了设计理念。对中国传统文化也进行了初步的研究，能够把现代设计手法和传统的设计元素很好地结合起来，营造了当今新生代文化商人既有浓郁的中华文化蕴味，又有从容、舒适、气派的家居环境。

不足之处：

某些装饰图案及家具的造型略显粗糙，设计还不够精致。

总体评价：

创意合理，表现充分，设计优秀。

一层平面图

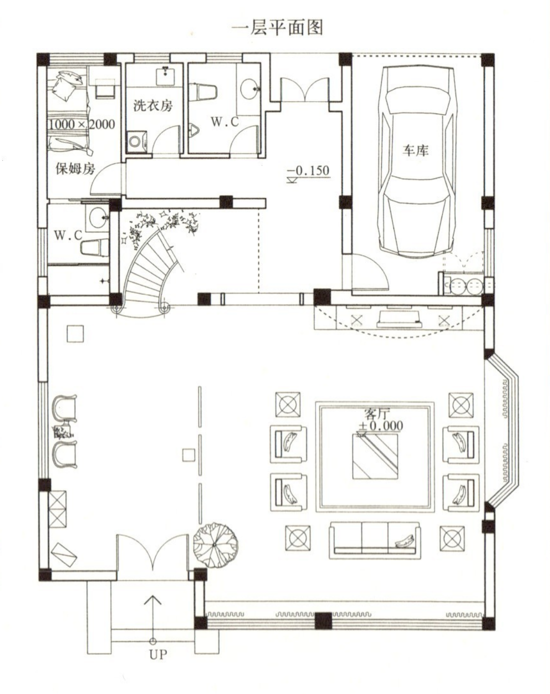

起居室效果图

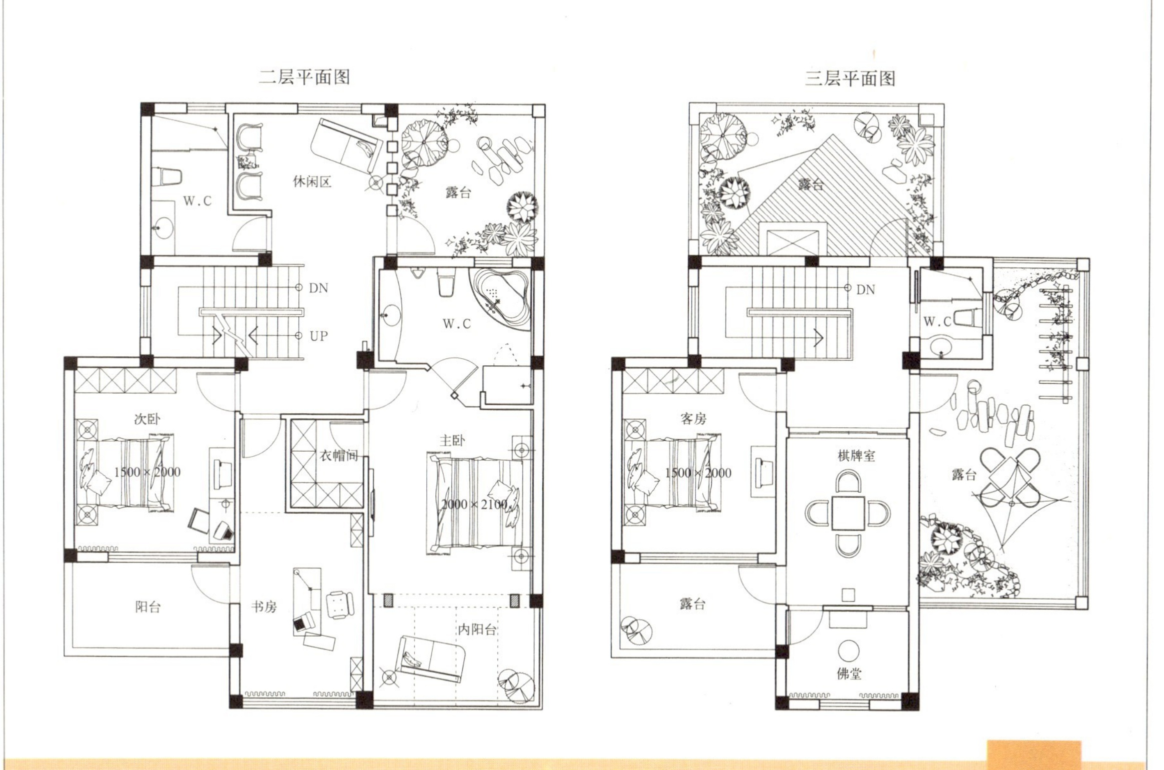
二层平面图
三层平面图
W.C
休闲区
露台
DN
UP
W.C
次卧
1500×2000
衣帽间
主卧
2000×2100
阳台
书房
内阳台
露台
DN
W.C
客房
1500×2000
棋牌室
露台
露台
佛堂

首届高职高专建筑类专业毕业设计比赛获奖作品

一等奖

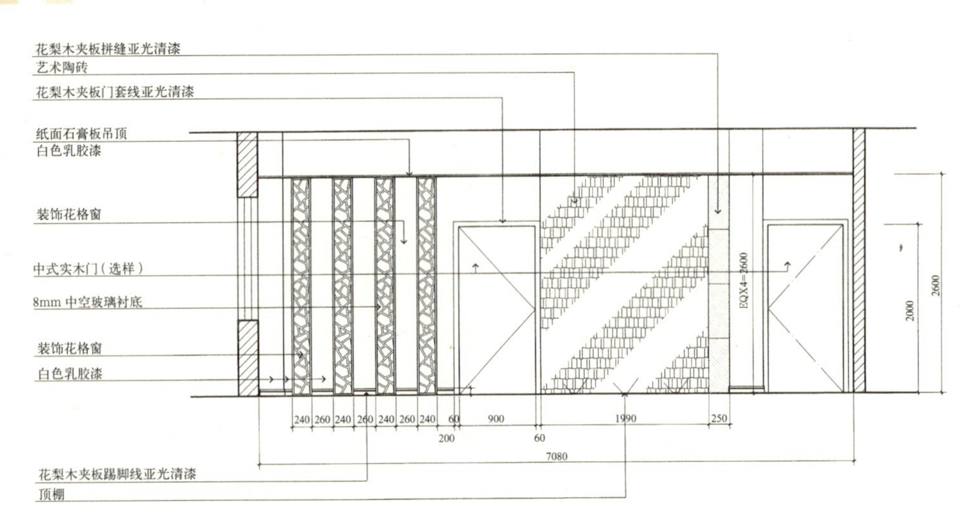

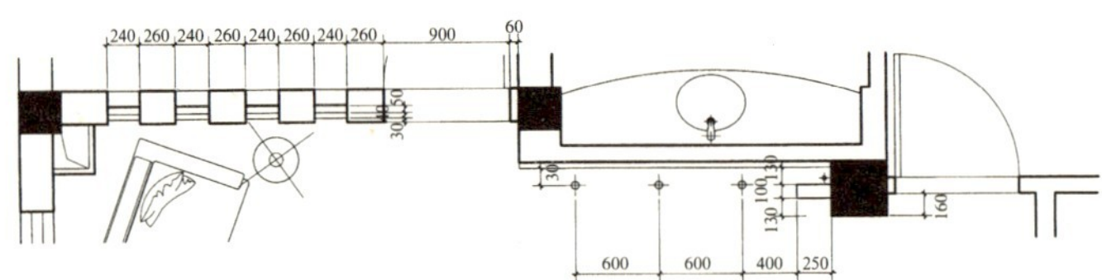

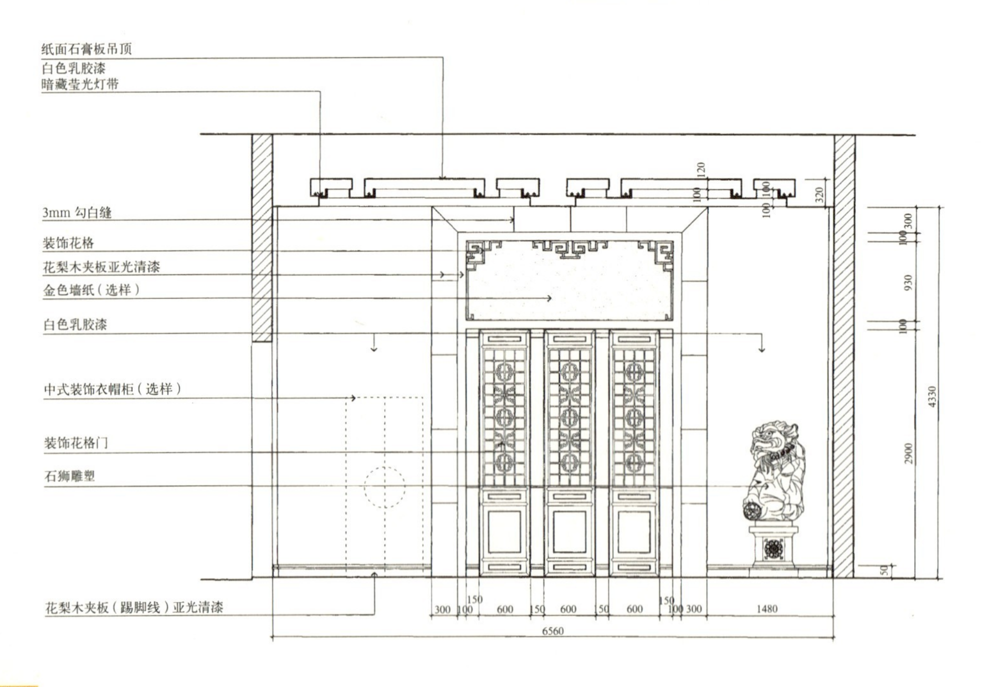

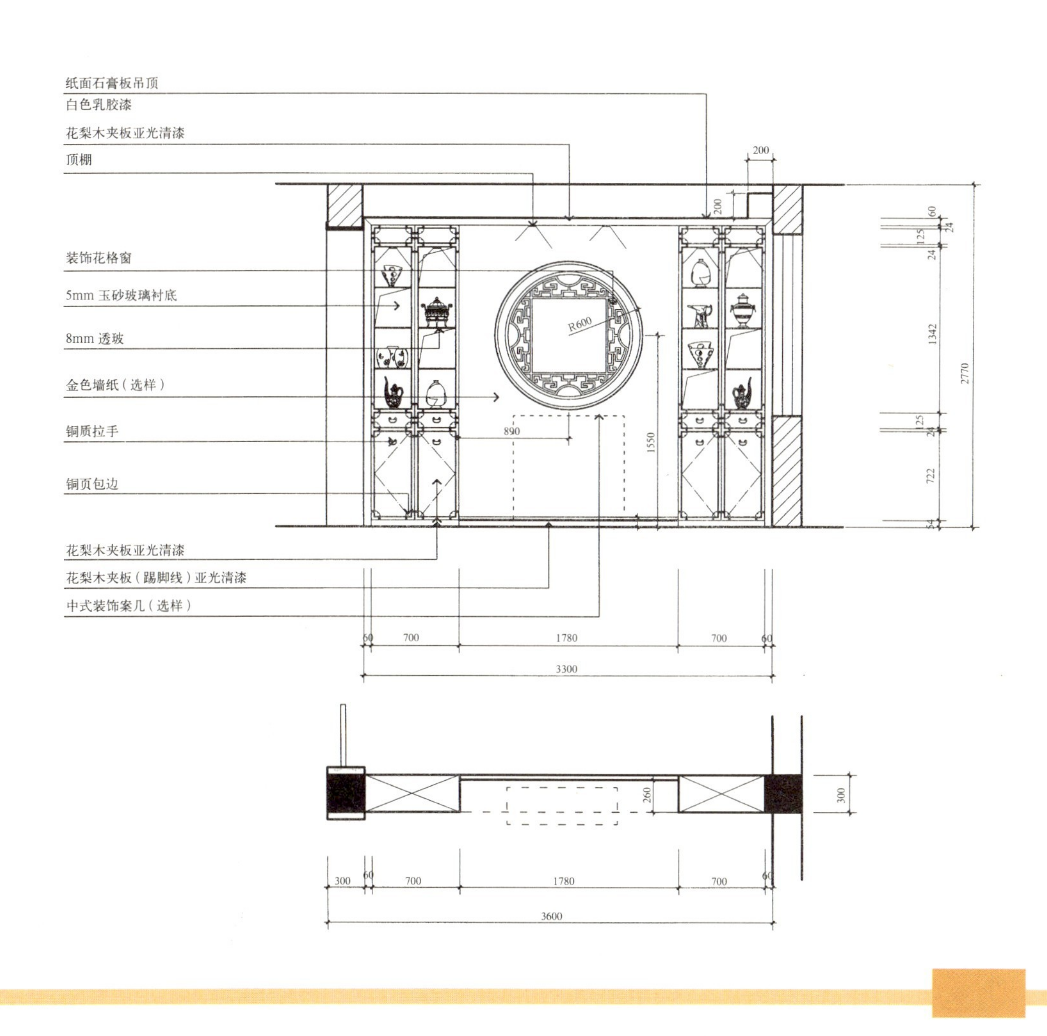

纸面石膏板吊顶
白色乳胶漆
花梨木夹板亚光清漆
顶棚
装饰花格窗
5mm 玉砂玻璃衬底
8mm 透玻
金色墙纸（选样）
铜质拉手
铜页包边
花梨木夹板亚光清漆
花梨木夹板（踢脚线）亚光清漆
中式装饰案几（选样）
R600
200
200
60
125
24
24
1342
2770
125
24
722
54
890
1550
60
700
1780
700
60
3300
260
300
300
60
700
1780
700
60
3600

一等奖

作品标题：

**酒店建筑装饰设计

获奖院校：浙江建设职业技术学院
获奖作者：张焱婧
指导教师：竺　越

设计点评

点评者：指导教师　竺　越

设计的合理性及可行性：

本设计总体而言基本上达到了预期的设计目标。平面的功能设计合理，交通组织清晰流畅，具有很强的可实施性；同时运用现代的装饰材料，整体构思新颖，造型及立面处理简洁大方，富有个性和时代感，能为现代酒店创造出一种现代而不失温馨的氛围，极具创造力。

设计效果的表达：

效果图主要选取了大堂、豪华标准房、标准房的表现，场景真实可信，渲染细腻，效果统一，追求光线的表达，具有较强的表现力。

设计图的规范性：

施工图基本上能够按照制图规范进行设计表达，图纸内容翔实，尺寸及材料标识准确。设计意图的表达和绘画技能的掌握较好。

设计的亮点：

能够对现代酒店的设计有较深的思考，希望可以改变以往的酒店概念，让客人体味到温馨、高雅的酒店艺术空间，传递酒店对客人的亲切关怀。细节设计敢于创新，富有个性又不失情感的表达，充分体现了设计者的人文关怀，照顾到了现代人的生活品位。

不足之处：

某些空间的交界点设计还不够精致，施工节点做法不够全面。

总体评价：

主题清晰，创意合理，表现充分，制作规范，设计优秀。

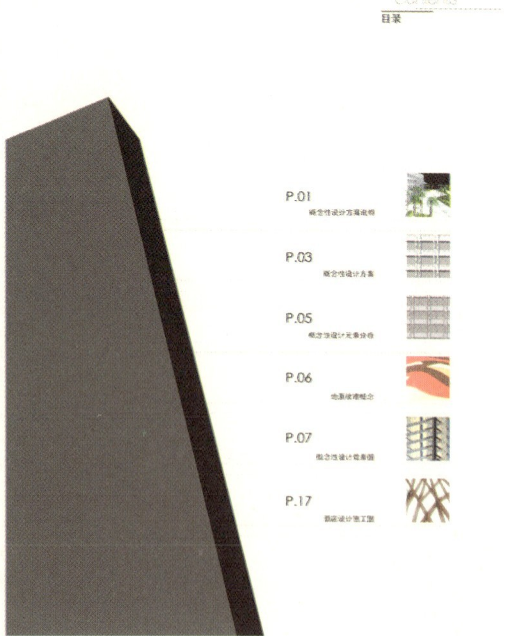

概念性设计方案说明

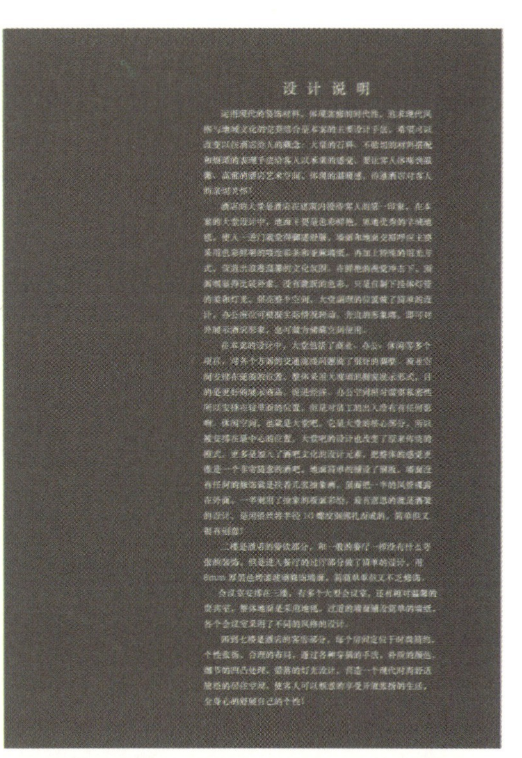
设计说明

Element Construe
概念性设计元素分析

Idea for Floor Texture
地面纹理概念

Hao Hua Fang Xiao Guo Tu

豪华房效果图

Hao Hua Fang Xiao Guo Tu

豪华房效果图

Hao Hua Fang Xiao Guo Tu

豪华房效果图

Da Tang Ba Xiao Guo Tu

大堂吧效果图

Da Hui Yi Shi Xiao Guo Tu

大会议室效果图

Da Tang Ba Xiao Guo Tu

大堂吧效果图

Biao Zhun Jian Xiao Guo Tu

标准间效果图

Biao Zhun Jian Xiao Guo Tu

标准间效果图

首届高职高专建筑类专业毕业设计比赛获奖作品

一等奖

作品标题：

梦月茶馆

获奖院校：南宁职业技术学院艺术设计系

获奖作者：梁华森

指导教师：黄春峰

设计说明

本方案以古色古香的中式装饰诠释了源远流长的中华茶文化。色彩缤纷的现代灯饰把饮茶空间点缀得清净典雅，营造出书香雅院的气氛，同时融入了西方浪漫主义思想，在冲突中交融，但主旋律依然是江南古曲特征。以江南古镇文化、园林风情为意境，充分展现了江南水乡明媚可爱之秀丽风光和人文景观。

设计点评

点评者：指导教师　黄春峰

设计的合理性及可行性：

本设计构思新颖，采用本构架方式，进行空间围合设计，在空间形式创造上有借鉴的突破，能够体现“中华传统文化与现代风格互融”的设计理念，方案中的功能分区、材料的选择、元素的引用恰当合理，营造了现代中式风格的茶楼文化。

设计效果的表达：

效果图整体协调统一，有较强系列感，传统的中式格调贯穿始终，画面渲染细致，照明设计恰当，层次清晰，画面内容充实，表现力较强。

设计图的规范性：

施工图能够按照制图规范进行设计表达，材料及尺寸标注规范、准确。

设计亮点：

通过对中国传统文化认识与了解，能够把现代设计手法和传统的设计元素很好地结合起来，营造了现代休闲时尚的茶楼文化。运用现代的设计理念展示传统文化的内涵，传统融合于现代，这是本设计的最大亮点。

不足之处：

某些细节的处理上相对粗糙，在家具、灯具及元素的运用上还是不够考究。

总体评价：

创意合理，表现充分，设计优秀。

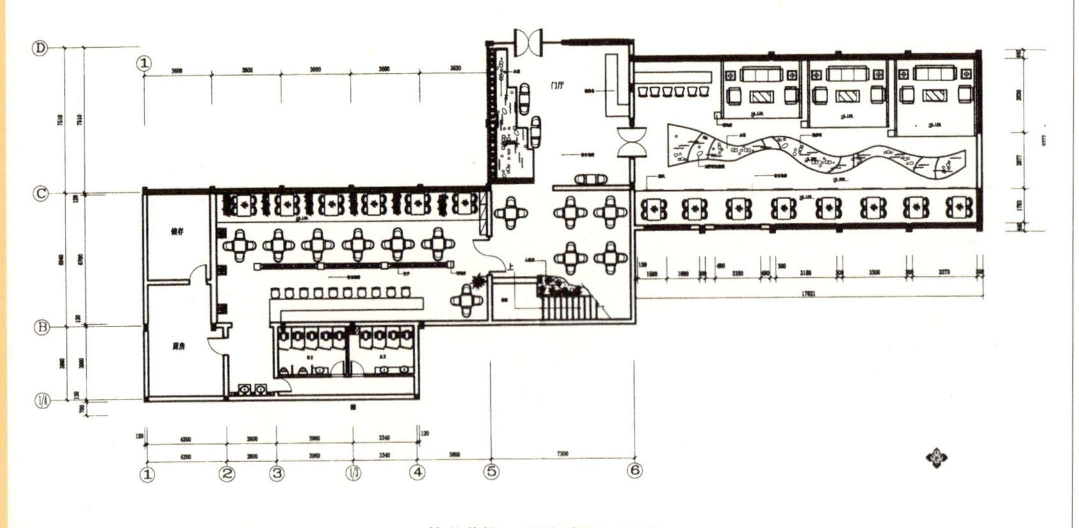

梦月茶馆一层平面图 1∶150

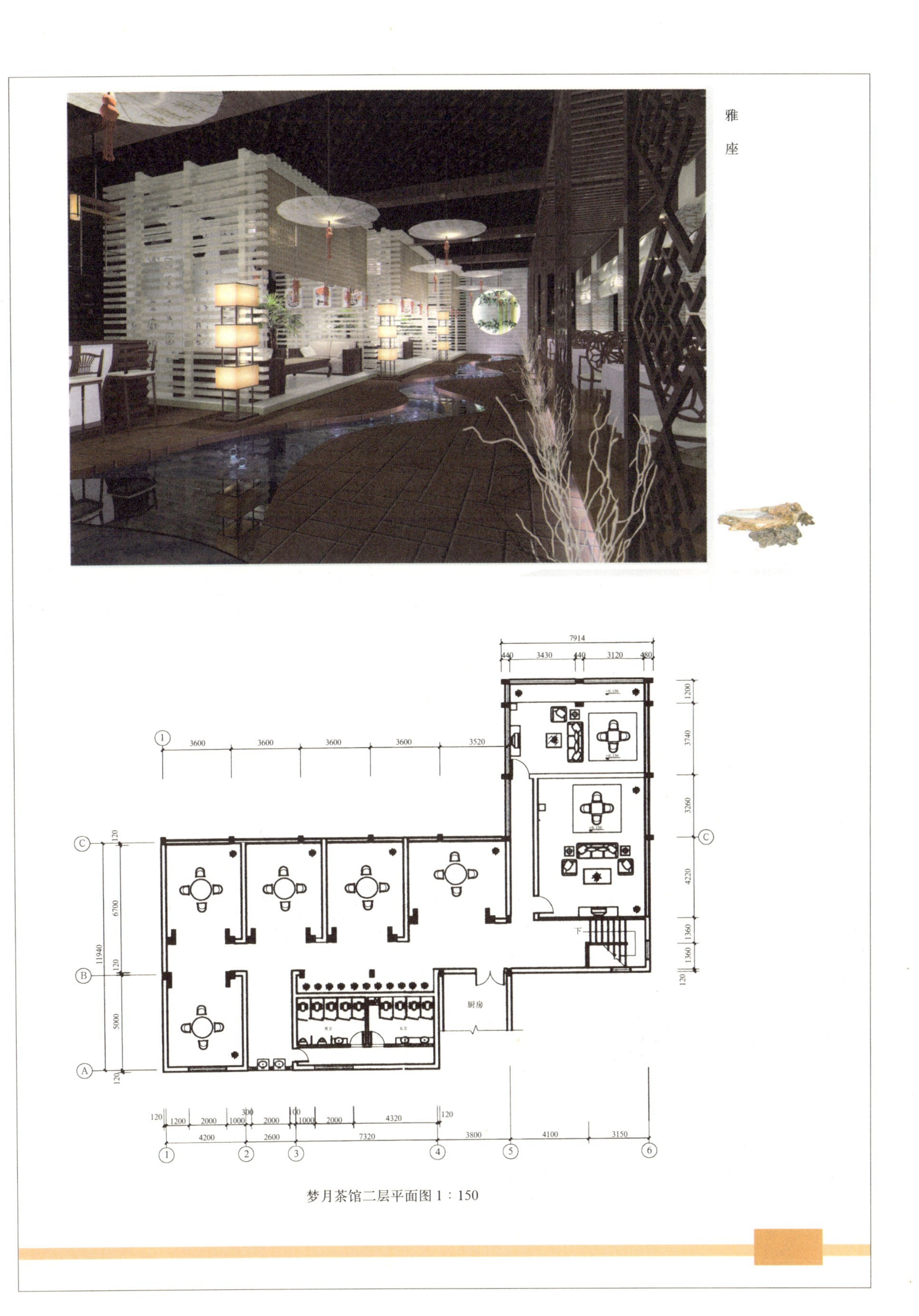

雅座

梦月茶馆二层平面图 1：150

一层门厅

门厅及楼梯间平面

楼梯口散坐

门厅立面

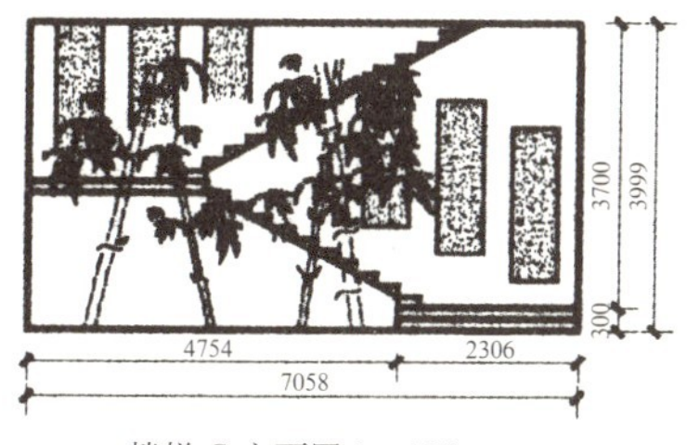

楼梯 C 立面图 1：100

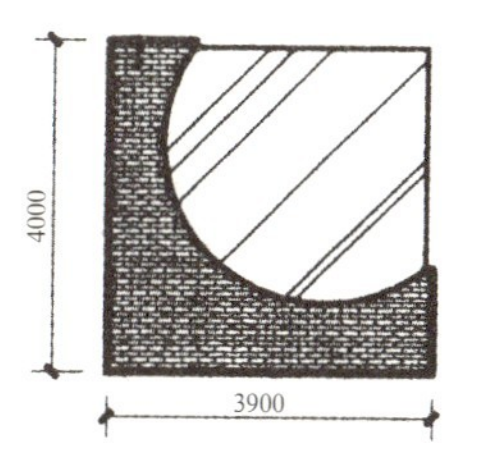

门厅 C 立面图 1：100

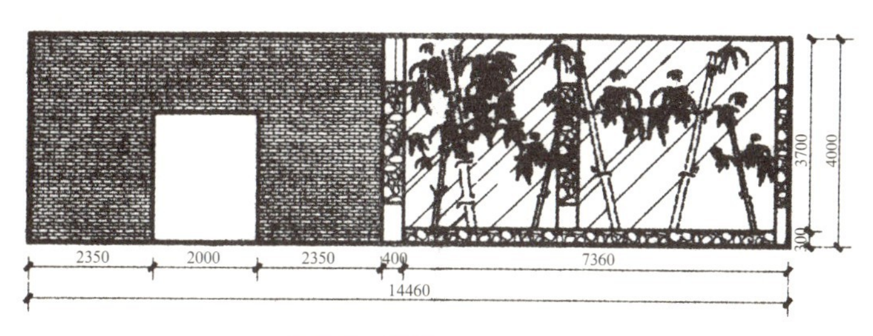

门厅 D 立面图 1：100

首届高职高专建筑类专业毕业设计比赛获奖作品

一等奖

作品标题：

客房设计方案

获奖院校：徐州建筑职业技术学院
获奖作者：马秉超
指导教师：陆文莺

设计说明

本酒店的室内设计体现了设计师理性设计与感性设计的高度统一。它的第一个切入点就是为经济效益这一目标服务。酒店在三层设计了标房双人间和单人间，并设有套房与豪华套房，使客房有更多的可选性。客房是外出旅行、忙碌的人的第二个家，所以在客房室内设计中对色彩和材料的搭配特别注重和谐，再配合柔和的灯光，更能增强整个空间的层次感！暖色的地毯与柔软的织物及高档壁纸更能表现出客房的亲切感。

酒店客房层整体设计风格是轻松的中式现代风格，跳跃、亮丽、休闲，充分考虑人性化需求。客房室内环境优美，配套家具齐全，照明设计上采用区域照明且目的物照度良好；卫生间设备洁具齐全，考虑了晾晒、防滑；设有微型酒吧、小冰箱，配饰体现中国人文思想，呼应酒店文化。

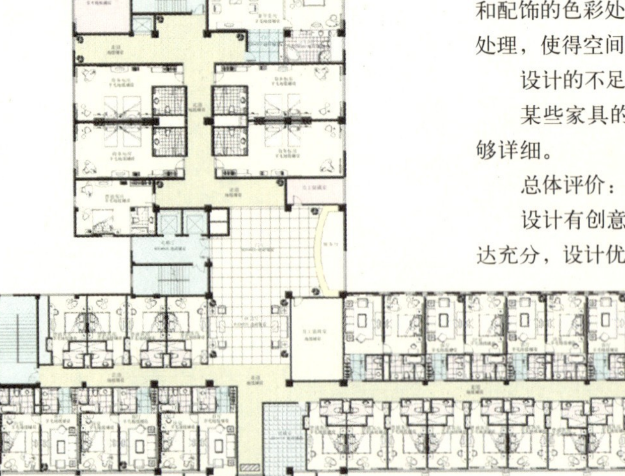

作品点评

点评者：指导老师　陆文莺

设计的理念：

本设计方案选题是酒店中举足轻重的客房层室内设计。客房的设计常常被程式化，难出新意，这就是作者选择课题的挑战性。作者设计中力求突破传统设计方式，追求中式古典风格和现代轻松生活的完美结合，营造出温馨祥和的休息环境。

设计的合理性和可行性：

本设计方案功能配置、空间布局基本合理，材料选择有新意，善于利用装饰元素和灯光效果营造风格特征，装饰构造设计合理，技术措施基本可行。

设计文件的表达：

套房效果图的表现能真实地反映出完成效果并具有感染力，构图完整，渲染细腻，色调统一，空间氛围和谐感人。

施工图严格按照制图规范进行设计表达，图纸内容翔实，绘制精致，基本达到施工要求。

设计的亮点：

亮点之一是能把中国传统文化元素和新材料自然地协调起来，用简洁的线条和柔和的色块缔造轻松舒适的环境。既体现出中国人文精神，又不让入住客人感到沉重。亮点之二是套房室内色彩环境设计，套房以暖色调为主，以暖灰的界面材料作为背景，家具和配饰的色彩处理注意了统一和对比，利用多种光源处理，使得空间层次分明，沉稳优雅不失生动。

设计的不足：

某些家具的设计还不够精巧，施工构造表达不够详细。

总体评价：

设计有创意，空间设计合理，风格统一，图纸表达充分，设计优秀。

徐州建筑职业技术学院
作者：马秉超
指导老师：陆文莺
套房卧室效果图

徐州建筑职业技术学院
作者：马秉超
指导老师：陆文莺
套房客厅效果图

首届高职高专建筑类专业毕业设计比赛获奖作品

一等奖

作品标题：

锦龙饭店室内设计

获奖院校：四川美术学院高等艺术职业学院
获奖作者：罗加　严正　葛晶　何礼　刘海平
指导教师：沈渝德、庞杏丽

设计说明

繁华的都市，需要繁华的地段，需要繁华的酒店，因此我们设想了在繁华的都市一隅，选择做一个商务酒店室内设计作为我们的毕业设计。

一个好的酒店除了必须满足其基本的功能划分外，酒店主题的定位也相当重要。龙是我们中华民族的象征，我们的酒店主题定位为龙就是想突出中国人自豪的民族精神，加了一个“锦”字代表中国的今天和明天都能丰衣足食，锦绣前程。酒店的功能划分上，一楼为酒店的接待大厅及其他配套功能房使用；二楼为中餐厅和宴会厅；三楼为贵宾包房；四层为酒吧；五层为健身和咖啡厅；六层为多功能厅；七层为KTV包房；八层以上为标准客房和套房等。规格按四星级酒店设计。

在整个酒店的室内设计中，我们选择的重点是酒店大堂、贵宾包房、酒吧厅、多功能厅及标准客房和套房的室内设计及效果图展示。

作品点评

点评者：指导教师　沈渝德、庞杏丽

设计合理性及可行性：

本课题基本达到了商务酒店初步设计阶段的设计要求。对商务酒店的主题定位把握得比较到位。能很好的对酒店室内设计部分功能进行合理划分，空间组织流畅、氛围营造到位。而且对材料、灯光、色彩的合理选择和搭配基本上达到了可以实施的阶段。总体设计效果不错。还进行了VI的图案应用。

设计效果的表达：

效果图选取多角度对酒店室内设计主体进行渲染，场景处理主题明确；氛围恰当；色调协调；建筑材料色彩真实细腻；画面空间效果非常好。

设计的亮点：

本课题设计的亮点是同学们不仅对商务酒店的功能划分处理恰当，而且对各功能空间的效果图进行了精致的渲染。

不足之处：

在版面的排版安排上没能更多的体现原始构思的一些细节来源，而且整个商务酒店设计的风格不是很明确，没能体现锦龙饭店的主题文化内涵。如能在设计中注入一些相关的文化内涵将会更好。

总体评价：

创意合理，表现充分，设计优秀。

锦龙大酒店

一等奖

首届高职高专建筑类专业毕业设计比赛获奖作品

一等奖

作品标题：

广西建设大厦综合楼室内设计

获奖院校：广西建设职业技术学院

获奖作者：黄懋贤　陈磊　宁之焕　莫志召

指导教师：罗智　梁杰亮　杨春焕　蒙晓明

设计说明

本工程位于南宁市金湖路58号，建筑面积38777m^2，楼高25层（另地下室1层），结构为框剪结构体系。前期已完成电梯及电梯厅、空调主机及主要管道、消防控制中心及主要管道、给排水主要管道等工程。设计以国家现行建筑设计规范：《民用建筑设计通则》（GB 50352—2005）、《建筑设计防火规范》（GBJ 16—87）、《建筑内部装修设计防火规范》(GB5022295) 等相关设计规范和业主意向为依据，力求功能合理布局，简洁大方，美观实用，用创新手法，新材料体现现代空间的氛围。

作品点评

点评者：指导老师　罗　智

设计的合理性及可行性：

本设计为真题实做，在满足建设单位对使用功能要求和资金投入限额基础上，设计总体效果简洁大方、美观实用、尺度宜人、用色淡雅、材质统一中求变化，体现节能、环保、以人为本的现代设计理念，装饰构造做法合理，基本符合施工技术要求。

设计效果的表达：

效果图应用一点透视，角度选择得当，室内界面主次分明、表达清晰，渲染效果色调统一、空间层次丰富、场景自然生动。

设计图的规范性：

施工图纸设计符合规范，尺寸标注精准，吊顶标高设计能满足消防、空调等施工使用要求。

设计的亮点：

本设计最大的亮点是在满足使用功能的要求的基础上，运用现代设计理念，结合地域自然环境，并对中国传统文化元素“方圆”以及本土民族装饰纹样符号进行研究，有创造性地应用于室内装饰界面，营造了一个既有时代特色又能感受到民族传统文化的室内空间环境。

不足之处：

室内陈设艺术设计考虑不够精细，照明手法略显平淡。

总体评价：

使用功能和精神功能同时顾及，有创意，有深度，设计优秀。

首届高职高专建筑类专业毕业设计比赛获奖作品

二等奖

作品标题：

莲之畅想

——景观建筑设计

获奖院校：四川美术学院高等艺术职业学院
获奖作者：周　洁　徐晓华
指导教师：陶　涛

设计说明

在高度繁华的城市森林中，冰冷的钢筋水泥建筑，日益减少的绿色，污浊的空气，忙碌而紧张的生活使人们窒息。人们都希望能拥有一个自然而美丽的休憩空间，她的形态犹如“莲”一样幽雅动人，美丽自然，她是高科技与美丽幻想的完美结合，是城市森林里盛开的自然之花，是今人对圣洁的莲的全新诠释、追求和再现。

我们将莲花的整个造型运用于建筑，巨大的花瓣为透明的太阳能采光板，能为整个建筑提供光能和热能，主体建筑的形态灵感来自莲蓬，分为二层。

一楼为巨型钢架支撑的人工水池，水池内种植睡莲等观赏植物，水池与外界湖水相通，具有独立的水循环系统和恒温系统。

二楼为小型水生植物展览馆，用触摸屏等高科技手段和图片展出水生植物的相关资料并具有一定的观景功能。

三楼为能夜间自发光的全透明采光材料制成，具有隔热保温效果，并为二楼展览提供光源，白天则可作为观景平台，场地外湖水中有大型莲叶状平台，游人可以自由上下，观光休息。

设计点评

点评者：指导教师　陶　涛

设计合理性及可行性：本设计基本上实现了作者最初始的设计目标，通过本设计能够体现出“莲”的清雅气质的设计理念。设计的功能布局、风格营造、色彩质感的表达基本合理，较好地烘托了设计。

设计效果的表达：

效果图选取多角度对设计主体进行渲染，场景处理色调协调，主题建筑材料色彩真实细腻，画面效果较好。

设计的亮点：

本设计受到了奥运“鸟巢”的启发，并结合现有的一些最新科技成果和理念，表达出作者对美好宁静生活的追求。造型别致新颖，创意独特是本设计最大的优点。

不足之处

在细节设计上考虑不够细致，使设计缺乏细节。

总体评价：

构思大胆独特，设计优秀。

楼梯效果图

一楼水池效果图

二楼效果图

二楼俯瞰一楼效果图

首届高职高专建筑类专业毕业设计比赛获奖作品

二等奖

作品标题：

东 情 西 韵

——对梨园 1668 茶餐馆设计

获奖院校：宁波工程学院建筑工程学院

获奖作者：黄 俊

指导教师：刘超英

设计说明

设计中式老房子，就是设计一种建筑意境，以体现人与自然的关系，传承古老的建筑艺术基因。梨园1868茶馆所处地块河道流躺，绿柳环绕，本身就是一幅完美的画。

梨园茶馆项目的总体设计思路来自江南城市发展演变的规律，即在原有的古老房子上来体现现代，进而发展成中西合璧。所以“混搭”风格成为必然选择。餐馆周边是人口密度较高的居住区，住着各色人群。因此，梨园茶餐厅更要设计的别有风味和富有情调，满足不同人群的需求。

古建筑物是浙东名人黄过的故居，它本身就是一件艺术品，所以在设计时必须尊重自然，不能过分改造原建筑环境。因此就得在室内来体现设计味道，在东方的情调上做出西方的韵味。

作品点评

点评者：指导教师 刘超英

1．设计的合理性及可行性：

本设计总体而言达到了开题报告设定的设计目标，能够体现“东情西韵、中西混搭”的设计理念。设计的功能配置、空间布局、风格营造、材料选择、构造设计基本合理，技术措施也基本可行。

2．设计效果的表达：

效果图选取了能够表现茶馆的两个主要的角度，场景真实可信，渲染细腻，效果统一，具有较强的表现力。

3．设计图的规范性：

施工图基本上能够按照制图规范进行设计表达，图纸内容翔实，细节清楚，尺寸及材料标识基本正确。

4．设计的亮点：

能够根据业主的要求和设计现场的建筑条件进行设计，很好地提炼了设计理念。对中西文化的融合做了初步的探索，能够把现代设计手法和传统的设计元素很好地结合起来，营造了具有独特文化氛围和小资情调的茶餐厅空间。中西合璧是本设计展示的最大亮点。

5．不足之处：

某些构造设计还不能体现中西文化融合的特点，场景的虚实关系还不够理想。

6．总体评价：

创意大胆，表现充分，设计优秀。

一层平面图

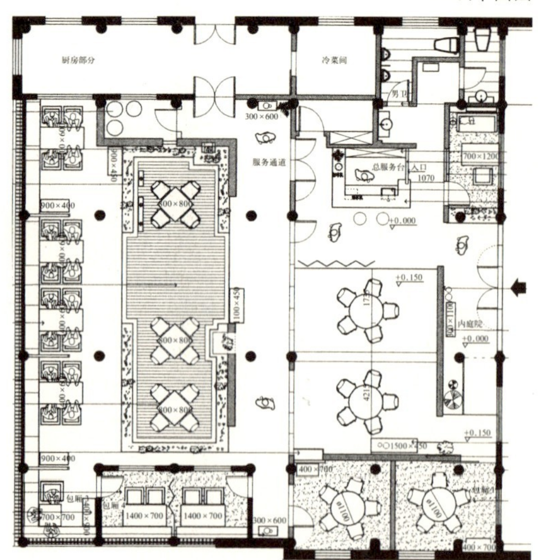

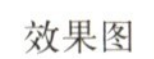

效果图

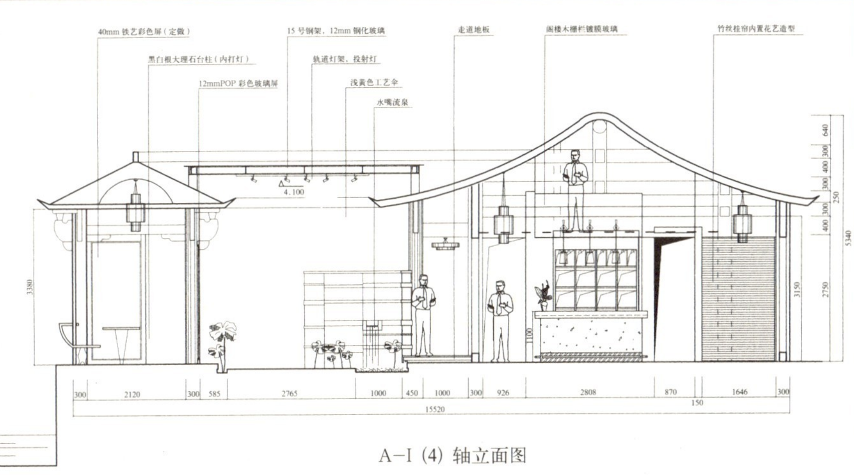

A—I (4) 轴立面图

效果图

二等奖

作品标题：

品 名 阁 茶

获奖院校：南宁职业技术学院
获奖作者：秦雪强
指导教师：黄春峰

设计说明

要做个广西特色的茶楼必定要由广西的文化出发，广西的铜鼓在本设计中起到引人入境的作用，更是将广西文化与国翠紧密联系，加上现代的光学作用，让我们感到过去和现在都在这茶楼中。现在人的品味造就了消费的趣味，中国人饮茶注重一个：品，品茶不但是鉴别茶的优劣，也带有神思遐想和领略饮茶情趣之意，品茶要求清净，清新，安静，干净，这就意味着饮茶的环境是重要的，他能引导人们文化与时间的变迁和差异，一壶好茶要在合适环境才能品出他的真正味道。

设计点评

点评者：指导教师　黄春峰

设计的合理性及可行性：

本设计总体达到了开题报告设定的设计目标，能够体现具有广西少数民族地域特点的元素与现代风格的结合，方案中功能布置合理有序，运用现代材料体现传统的风格，具有一定的文化内涵，构造设计基本合理，体现出了较为现实的可行性。

设计效果的表达：

效果图中各画面风格整体统一，有较强的系列感，空间场景营造出了良好的茶文化内涵与意境效果。

设计图的规范性：

施工图制作规范，材料、尺寸标注较为准确。

设计的亮点：

传统文化与地域元素提炼及运用准确、生动，主题色调定位恰当，将具有广西少数民族地域特点的文化元素运用到主题设计中，这是本案最大的亮点。

不足之处：

民族元素在整体空间中的运用还显生硬，细节的处理上仍存在粗糙。

总体点评：创意合理，意境表现到位，地域特色明显，层次丰富，设计优秀。

茗 饮

宿醒来破厌觥船，紫笋分封入晓前。
槐火石泉寒食后，鬓丝禅榻落花前。
一瓯春露香能永，万里清风意已便。
邂逅化胥犹可到，蓬莱未拟问群仙。

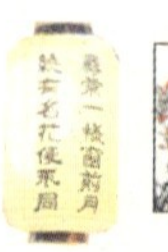

SHECAI 素才

字画文化与茶文化难舍难分，更进入境界！
广西茶楼中的广西铜鼓也另有一翻味道，
让广西文化展先在入门面前。
有过去到现在，用过去容入到现在。

首届高职高专建筑类专业毕业设计比赛获奖作品

二等奖

作品标题：

别墅室内设计方案

获奖院校：徐州建筑职业技术学院
获奖作者：戴士奎
指导教师：陆文莺

设计说明

别墅位于风景秀丽的徐州南郊风景文化区，本人将此套别墅设计方案风格定位为新古典风格，彰显出主人的生活品味和生活方式。别墅室内装饰色彩以暖色调为主，以胡桃木作为主要装修材料，色调统一和谐，稳重大气。客厅是设计的重点，采用了多种中国传统装饰元素诠释新古典风格，如花格隔断、书法篆刻、佛像等元素，高大的木花格隔断形成客厅空间的视觉中心，和墙面木饰面呼应起来，统领了空间氛围，营造了舒适大气的空间环境。

作品点评

对建筑装饰类毕业设计二等奖获得者戴士奎的《别墅室内设计方案》的设计点评：

点评者：指导老师　陆文莺

设计的理念和设计的可行性：

本设计方案选题是别墅室内设计，难度适中，总体上能达到毕业设计的目标，作者对室内设计的风格定位是新古典主义，设计考虑户主的个性特征和兴趣爱好，能够体现中国古典文化特征，塑造了和谐温馨的别墅环境。本方案功能配置齐全、空间布局合理有创新，材料选择得当，构造设计基本合理可行。

设计文件的表达：

别墅客厅效果图能够反映出大气的空间效果，色调和谐大方，构图完整，渲染细腻，光影效果良好，空间氛围幽静清新，具有较强的表现力。

施工图基本上能够按照制图规范进行设计表达，图纸内容翔实，尺寸、材料标注清晰。

设计的亮点：

本设计亮点是采用多种设计元素划分空间，有隔有透，亦远亦近，含蓄自然。如客厅的花格透光隔断，传达了古典文化特征，又起到了划分空间的作用；客厅的半墙隔开了会客区和就餐区；卫生间设计了玻璃隔断划分洗手和洗浴功能。

设计的不足：

某些室内空间造型的设计还不够细致，某些界面设计略显粗糙，施工构造表达不够详细。

总体评价：

空间划分合理，有创新，图纸表现力强，设计较优秀。

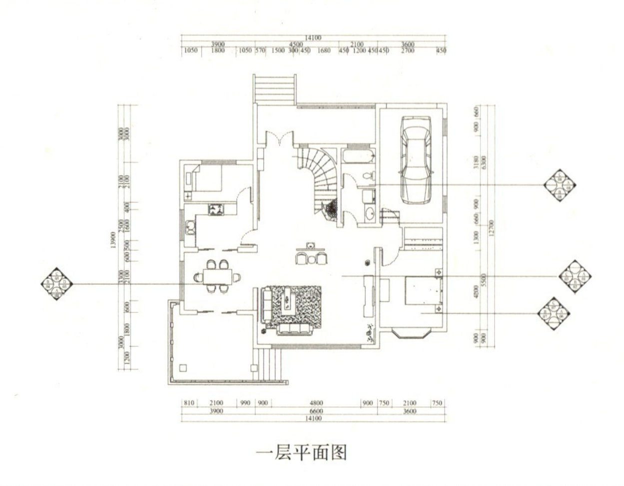

一层平面图

起居室效果图

卫生间效果图

一层地面材质图

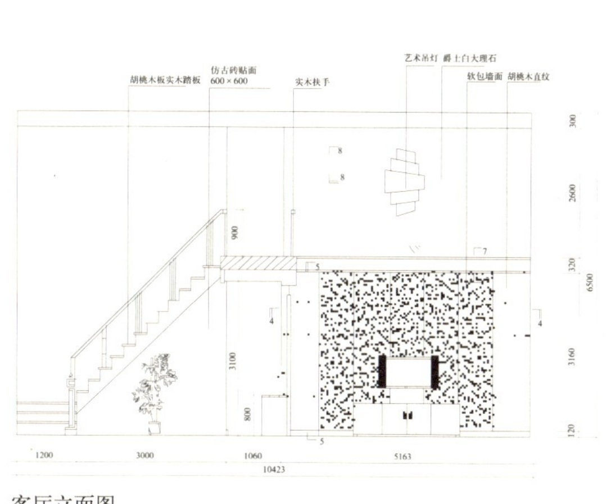

客厅立面图

二等奖

作品标题：

别墅空间设计

获奖院校：武汉职业技术学院建筑工程系
获奖作者：吴绍丰
指导教师：陈　华　夏　莲　李　岚

设计说明

居室套型：四层别墅　建筑面积：573m²

家庭户型：四口之家（夫妻、女儿、儿子）

室外景观相容相映

入口外置花园，使花园与建筑本身得到有机的结合，宛如花园小阁楼，并给外围空间增添了别样情趣。通透落地窗，不仅给室内空间提供了充足的自然阳光；也使室内空间格局更为完整。

连贯考究的室内公共空间

客厅、餐厅、起居室等在这里被称为室内公共空间。入门玄关的设立不仅增强了入门视觉感官，而且起着空间的引导作用；然后从客厅经踏步步下餐厅以及从客厅踏着旋转楼梯进入起居室，这样的空间处理，纵目观去，错落有致。其中起居室也可作为客厅功能的延伸，一紧一松，同时也是客厅到二楼卧室的空间过度。

别样风情阁楼

天然杉木原材的天花顶面装饰，阳光房里面的阳光肆放，花房自然植物的泻染，榻榻米的异国情调，为本方案设计的家庭营造出放松、自然、健康的娱乐、休闲、会友的别样风情空间。

设计点评

点评者：指导教师　陈华　夏莲　李岚

设计的合理性及可行性：

本设计总体而言达到了开题报告设定的设计目标，能够体现“自然、生态、舒适、和谐”的设计理念。设计的功能配置、空间布局、风格营造、材料选择、构造设计基本合理，技术措施也基本可行。

设计效果的表达：

效果图选取了能够反映主体空间特色的角度，场景真实可信，渲染细腻，效果统一，具有较强的表现力，基本表达了设计者的理念。

设计图的规范性：

施工图基本能够按照制图规范进行设计表达，图纸内容翔实，完整，尺寸及材料标识基本正确。

设计的亮点：

该设计能够较全面地满足业主的特殊身份和特殊要求，对中国现代人居理念也进行了初步的研究，能够把现代设计手法和传统的设计元素很好地结合起来，营造了当今新生代都市人既有清新、自然的生态环境，又有舒适、气派的家居环境，对科学的人居环境理念进行了较好的提炼，这是本设计的最大亮点。

不足之处：

某些装饰图案及细部处理略显粗糙，图纸表达深度有待加强。

总体评价：

创意合理，现代家居环境氛围体现充分，设计优秀。

一层平面图

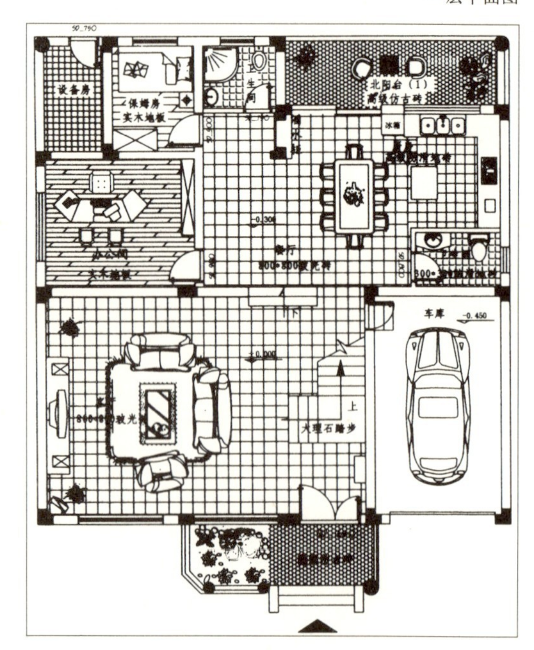

（阳光房）

一层平面图

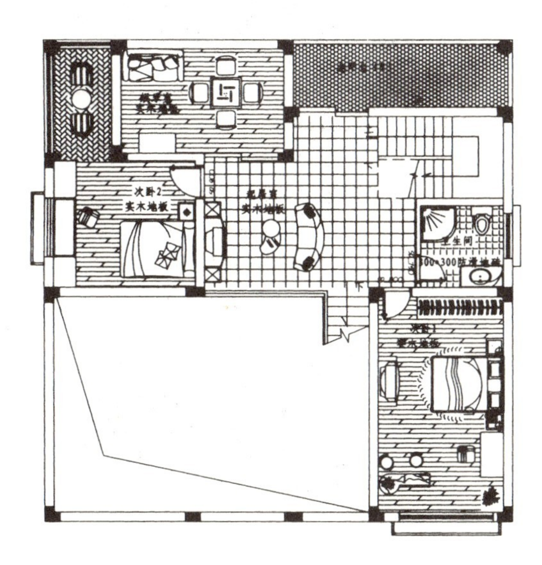
次卧2
实木地板
卫生间
300×300防滑地砖

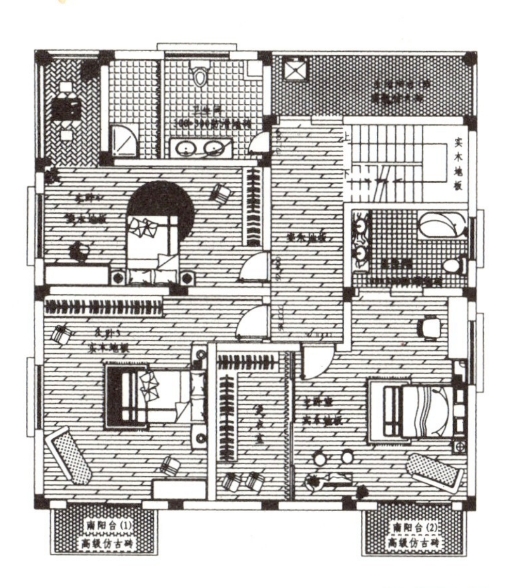
实木地板
次卧3
实木地板
南阳台(1)
高级仿古砖
南阳台(2)
高级仿古砖

首届高职高专建筑类专业毕业设计比赛获奖作品

二等奖

作品标题：

居 室 设 计

获奖院校：廊坊师范学院
获奖作者：杨丽霞
指导教师：万郭谦　李　静

教师点评

设计的合理性及可行性：

本设计总体而言达到了开题报告涉及的设计目标，整体方案围绕中式风格展开，借助现代的造型手法的材料表现出中国传统风格的意境。整个方案设计的功能配置空间布局材料选择等基本合理，并有实施的可能性。

设计效果的表达：

效果图选取了客厅、餐厅、卧室三个功能空间尤其突出客厅设计方案。整体表达完整统一，渲染细腻，具有较强的视觉效果。

设计图的规范性：

图纸层次比较鲜明，具有基本的规范性，基本可按其施工。

设计的亮点：

本方案中客厅设计风格突出，表达完善。尤其客厅的背景墙以木质色有书字的壁纸作背景，极强地烘托了风格，使中味十足，所选家具及陈设也符合中式风格，整体格调统一是本案的最大亮点。

不足之处：

某些陈设选择还待完善，设计局部考虑不周到。

总体评价：

创意合理，表达充分。

二等奖

作品标题：

居 室 设 计

获奖院校：廊坊师范学院
获奖作者：张　杰
指导教师：万郭谦　李　静

设计说明

房型：平层结构两室两厅两卫 建筑面积 160m^2，使用面积 128m^2。

此套设计风格简约、现代，各个不同功能的空间有机的联系，在统一的风格中求得造型形式的变化。

黄色与蓝色相间的电视墙在白色墙面的衬托下显得淡雅、明快，搭配浅色的木质地板使空间气氛轻松和谐，恰到好处地体现了时下流行的简约之风。

走廊的细节设计为室内营造了一种精致工艺的美感，现代风格的家具和饰品起到了画龙点睛的作用。体现出设计的独到之处。

整体的感觉统一，步调一致，房屋的每一个角落都有它的独到之处。

作品点评

点评者：指导教师　郭　谦　李　静

设计的合理性及可行性：

本设计整体而言表达了开题报告设定的设计目标，体现了"现代化"、"人性化"的设计理念，设计的功能配置，空间布局合理，风格统一，材料选择恰当，构造设计基本合理，技术设施基本可行。

设计效果的表达：

效果图表达非常充分，能够从整体上反映设计意图，表达真实、细腻，具有很强的直观性。

设计图的规范性：

施工基本上能按照制图规范进行设计表达，图纸交待详尽，尺寸材料标识基本正确。

设计的亮点：

能根据业主要求通过各种手法，充分表现了人性化的设计理念，总体色彩风格统一，图纸表达完善。

不足之处

细节上考虑欠缺。

总体评价：

创意合理、表现充分。

首届高职高专建筑类专业毕业设计比赛获奖作品

二等奖

作品标题：

三居室家装设计

获奖院校：山西建筑职业技术学院
获奖作者：郭韶娟　李媛苗
指导教师：范文东

设计点评

点评者：指导教师　范文东

设计的合理性及设计的可行性：

本设计为山西省太原市平阳路的一套三居室设计方案，为体贴居住者方案采用了欧式风格，从各个空间的布局和选色方面均能感觉到其间浓浓的暖意，尽力去体现一个和谐而完美的空间。 达到了实用、稳重、豪华但不奢侈的装饰效果。

设计效果的表达：

本套图纸采用两维的平面和三维的效果图进行表达。效果图制作严谨，整套图风格统一，具有较强的表现力。

设计的亮点：

功能区划分是本案的一大亮点，开放式餐厅可以与客厅自由对话，将传统的设计元素与现代的材料技术结合起来，最大限度地满足住宅空间的实用性和装饰性。空间明快而又清新的色彩与整体风格完全统一，充分体现了现代住宅简约、开放的一面。

不足之处：

设计未能考虑到装饰的经济性，作为一个优秀毕业设计可以，但作为一个实际项目经济性未能把握其可行性。

总体评价：

有创意，表现充分，设计优秀。

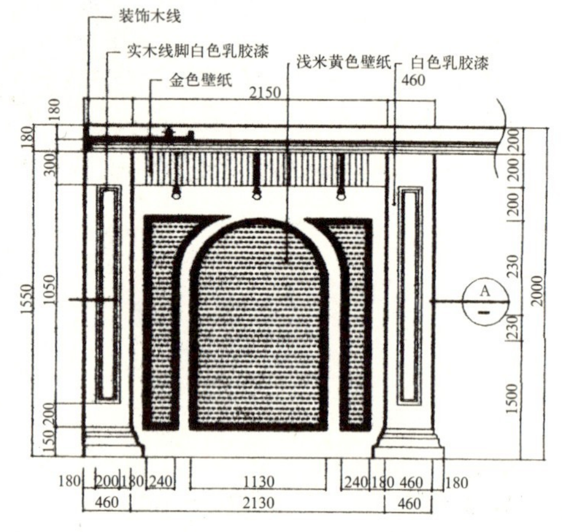

③背景墙立面图 1：30

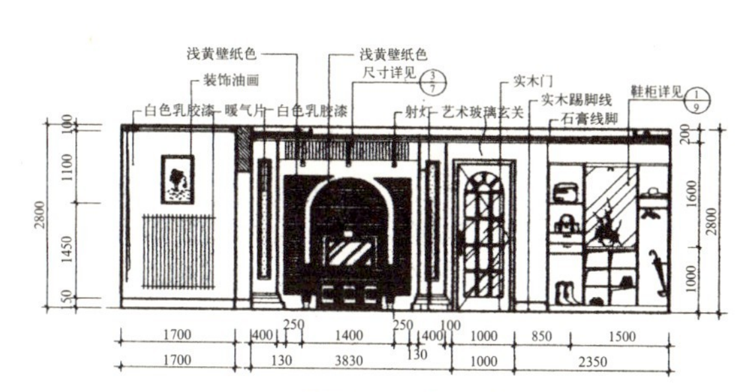

客厅 A 立面图 1：50

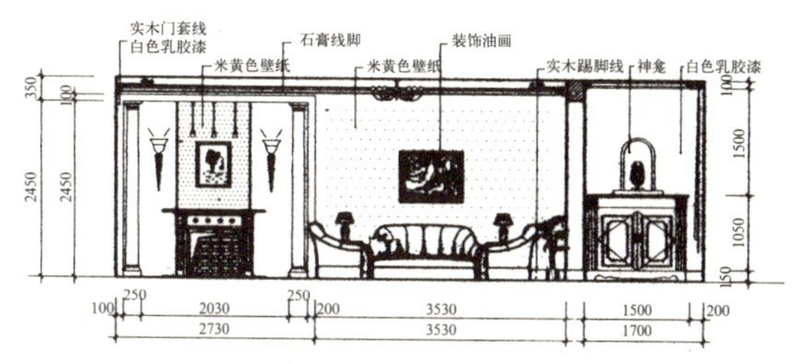

客厅 C 立面图 1：50

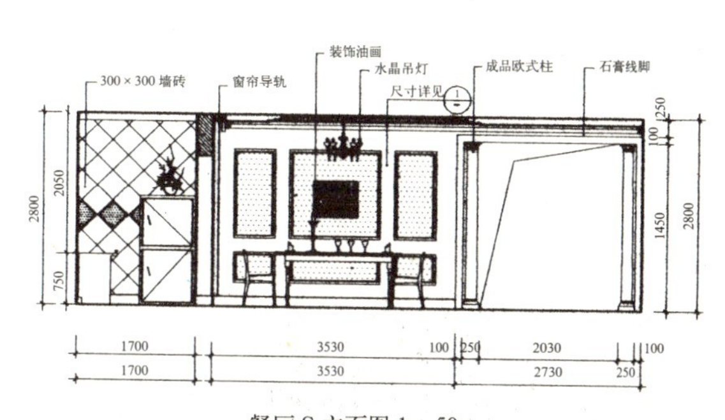

餐厅 S 立面图 1：50

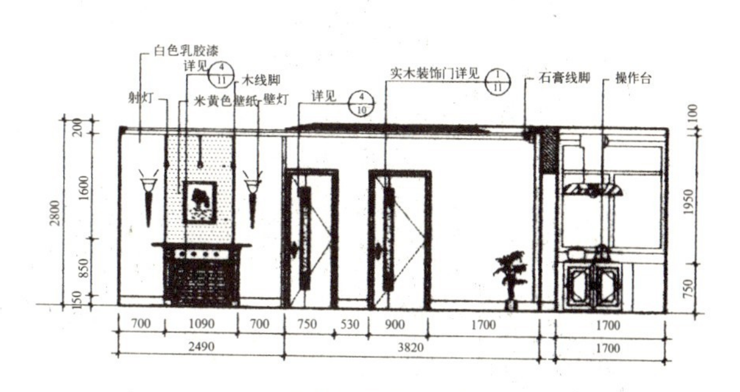

餐厅 U 立面图 1：50

三等奖

作品标题：

江南水乡二期排屋室内设计

获奖院校：浙江建设职业技术学院
获奖作者：何　娜
指导教师：袁文薇

作品点评

点评者：指导教师　袁文薇

设计的亮点：

能够根据业主的特殊身份和特殊要求进行设计，很好地提炼了设计理念。将客厅的装饰木档延伸至楼梯间，并使其贯穿所有楼层，做到了设计的横、纵的延伸和贯穿，体现客厅气派的同时也体现了户主的宽广胸怀；再者木档的排列造型感非常现代，结合茶镜的运用，给这一层的材料注入了灵动的生命力，使本家居环境显得清爽，简约而又有气派，使本设计的亮点自然凸显出来。

不足之处：

某些装饰图案及家具的造型略显粗糙，施工节点做法不够全面，设计还不够精致。

三等奖

作品标题：

西溪风情别墅

获奖院校：浙江建设职业技术学院
获奖作者：王 颖
指导教师：袁文薇

设计点评

点评者：指导教师 龚一红

设计的亮点：

能够根据业主的家庭结构、职业特点、教育背景和兴趣爱好等特征进行设计，能很好地提炼设计理念。对欧式文化有一定的研究，能够把现代设计手法与欧式设计元素糅合起来，体现出“现代生活与欧式风格”的完美结合。舒适、气派和经典简欧家居环境营造，是本设计的最大亮点。

不足之处：

某些空间设计还不够精致，室内陈设设计还比较粗糙。

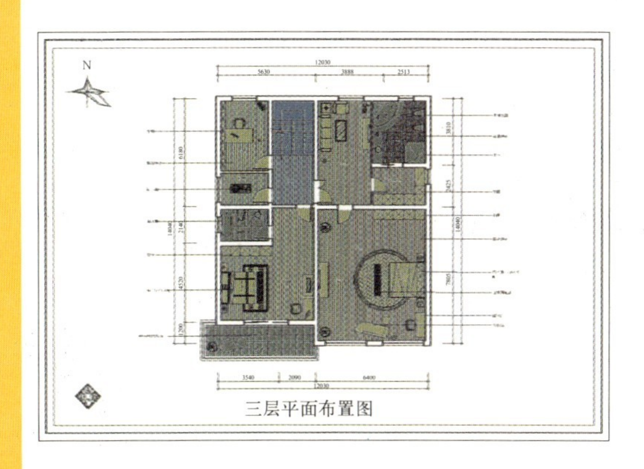

三层平面布置图

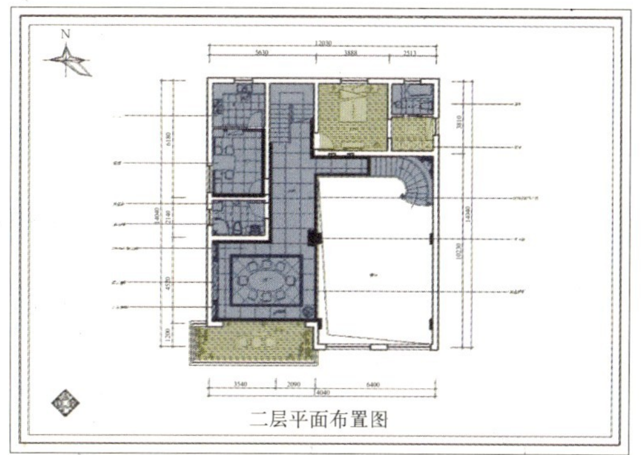

二层平面布置图

三等奖

作品标题：

西斯西餐厅

获奖院校：南宁职业技术学院
获奖作者：石御果
指导教师：黄春波

作品点评

点评者：黄春波

设计的亮点：

本空间设计表现形式运用较为宁静的色调、光源和照明来营造酒吧的特有环境气质与氛围，平面空间规划布局合理，不同空间类型规划富于变化。

在满足功能需求的前提下利用材料特性变化、视觉上的错差及间接光带等形式拓展了空间的纵深感觉，材料使用上选择了朴实的天然石材、马赛克及乳胶漆饰面，运用透明玻璃及艺术玻璃，产生了反射与不反射的强烈对比以光和影的虚实感觉等对比手法，形成幽深的意趣。

不足之处：

顶棚造型过于简单，变化对比不够。

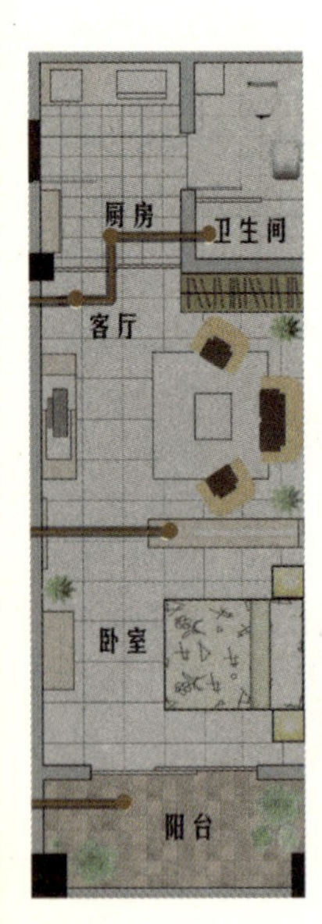

三等奖

作品标题：

嘉裕咖啡厅

获奖院校：徐州建筑职业技术学院
获奖作者：李　亮
指导教师：

作品点评

点评者：指导教师

设计的亮点：

本课题为北欧风格咖啡厅，兼具欧式的奢华与气派和现代的简洁与宁静。大堂部分空间很大，可以说是一个奢华的空间。主要用啡网纹大理石，金花米黄大理石等高档石材，追求华贵、气派，体现主题的典雅与宁静。

不足之处：

北欧风格的元素还不够典型，总体上还缺乏北欧风格的感觉与效果。

三等奖

作品标题：

毕 业 设 计

获奖院校：黑龙江建筑职业技术学院
获奖作者：方启迪
指导教师：刘恒亚

作品点评

点评者：指导教师　刘恒亚

设计的亮点：

在本课题的设计中，同学能从办公空间注重效率的特点出发，不追求多余的装饰，设计效果实用、简洁、明快、现代。家具选型及用材也比较符合办公空间的功能需求。

不足之处：

设计手法比较简单，某些效果图选取的角度不够理想，显得比较呆板。

三等奖

作品标题：

生活的……

获奖院校：黑龙江建筑职业技术学院
获奖作者：裴　裴
指导教师：刘恒亚

作品点评

点评者：指导教师　刘恒亚

设计的亮点：

本课题的方案简洁、大方、时尚，注重空间的合理安排，效果干净、利落、明朗。尤其是多个会客空间的安排，符合好客热情的业主的生活需要。在选材上能够遵循健康、环保、经济的理念，迎合了业主的心理需求。

不足之处：

简约不等于简单。空间及界面设计还不够讲究，有简单化的倾向。

首届高职高专建筑类专业毕业设计比赛获奖作品

三等奖

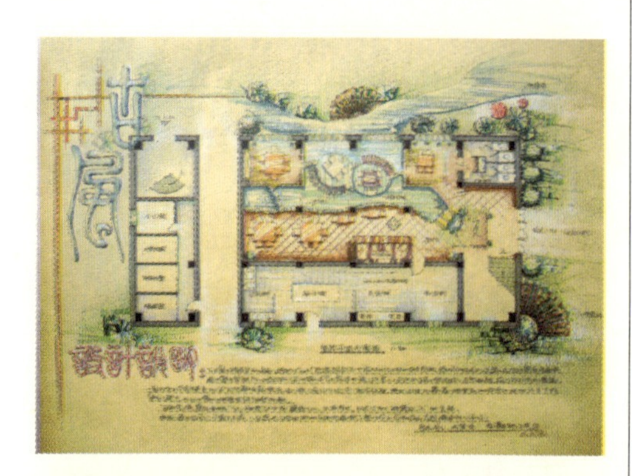

作品标题：

餐饮空间设计

获奖院校：山西建筑职业技术学院

获奖作者：何霄凌

指导教师：王晓华

设计点评

点评者：指导教师　王晓华

设计的亮点：

本设计在对中国传统园林进行了深入的研究后将传统的设计元素与现代的材料技术结合起来，体现了高技术和高情感的统一。设计大胆，敢于在室内做出跨越一层的瀑布、敢于运用木装饰和薄膜装饰技术，使整个建筑表现出自然性和时代性。

不足之处：

设计未能考虑到建筑的经济性，作为一个优秀毕业设计可以，但作为一个实际工程，未能充分把握经济性。

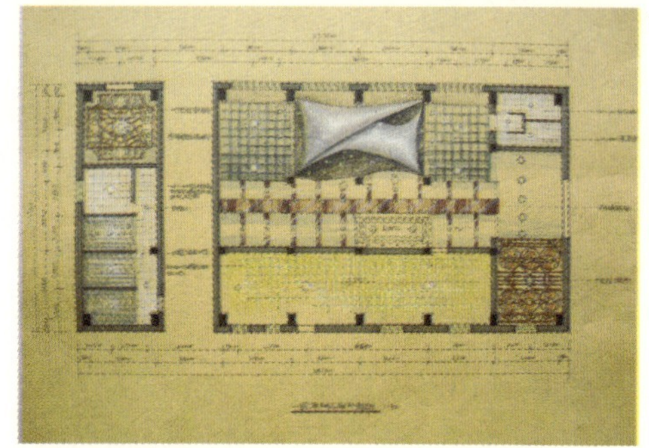

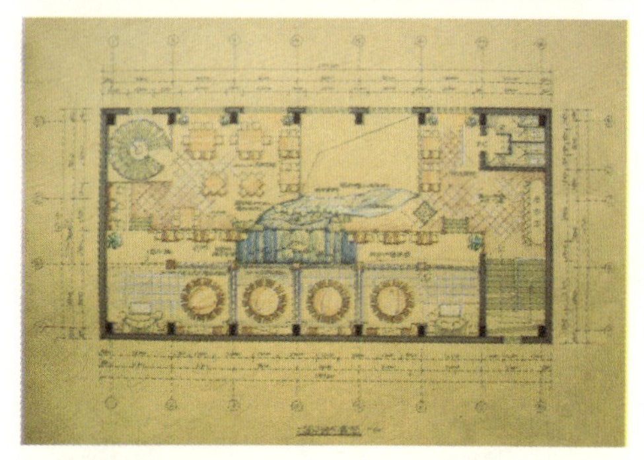

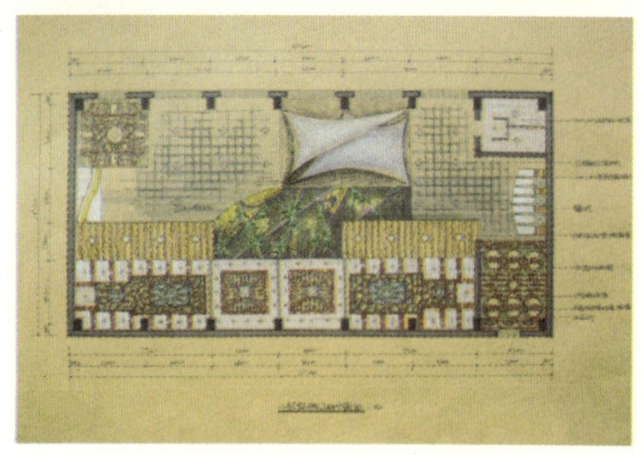

首届高职高专建筑类专业毕业设计比赛获奖作品

三等奖

作品标题：

居室设计

获奖院校：廊坊师范学院
获奖作者：刘立鹤
指导教师：万郭谦　李　静

教师点评

设计的亮点：

在于客厅及餐厅选用的材料及造型极好地表达了现代人要求“简约、时尚、人性化”的心理。

不足之处：

陈设的选择有所欠缺，设计不够精致。

河北职业技术学院03届环艺班刘立鹤毕业创作成果展示

hebei zhiyejishuxueyuan03jiebuanyi liu lihe biyechuangzuochengguozhanshi

客厅效果图

现代简约风格在处理空间方面一般强调室内空间宽敞、内外通透，在空间平面设计中追求不受承重墙限制的自由。

BEIJING MUBENJIE ENVIRONMENTAL DESIGN CO.,LTD.　www.mubenjie.com

三等奖

作品标题：

郦景喜可阳光假日酒店

获奖院校：四川美术学院高等艺术职业学院
获奖作者：何颖莉　曹　婧　马阳熹　钟科宇
指导教师：庞杏丽

作品点评

点评者：指导教师　庞杏丽

设计的亮点：

本课题能从生活中发现设计的线索，并从一些不起眼的小事物中获取灵感，并结合酒店的实际功能入手，通过电脑和手绘效果图，比较完整的表达一套酒店室内设计的方案。

不足之处：

虽然在酒店设计的细节中，比如VI部分和酒店大堂都有体现渡假概念的形式语言出现，但就整体设计效果而言，如能在设计中更好地突出阳光渡假酒店的主题形象，效果将会更好。

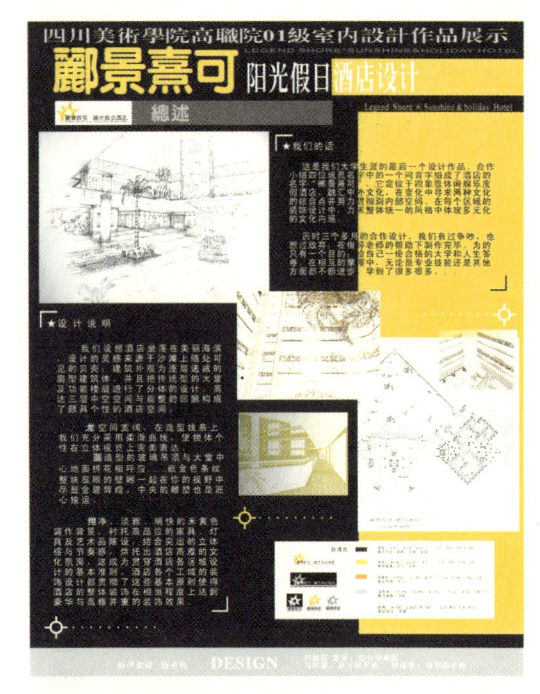